JN289550

数学の流れ30講
上
―16世紀まで―

●

志賀浩二 著

朝倉書店

は　じ　め　に

　数学の歴史についてかかれた本は，最近は本屋さんの数学書の棚にもたくさん並んでいるようになった．一般の人たちにも，数学への関心が広がり，深まってきたのかもしれない．

　しかし，数学の歴史に近づくのは，そんなにかんたんなことではないようである．私は長い間数学の勉強をしてきたが，日夜研究に没頭していた頃には，私が直面しているテーマそのものが数学であって，歴史をふり返ってみるなどというゆとりはなかった．それでもいまでは数学の歴史について，数学史家の詳細に調べ上げた史実やそれに対する見解などを，興味深く読ませて頂くということもあるようになった．

　だがそれ以上立ち入って，私自身が直接古い文献をひもといて読むなどという機会は，ほとんどないのである．

　数学を見る視点のおき場所は，数学者と数学史家では異なるようである．

　この視点のおき方の違いを，1つのたとえで述べてみよう．数学の起源は，いまから5000年くらい前まで溯れるが，その後さまざまな時代の中で，しだいに発展していまに至っている．数学のこの歴史を1つの川の流れのように見れば，数学者の関心は，この川がこれから流れて行く方向を見定めることにある．さまざまな未解決な問題を解くための新しい試みや，また難問解決にあたって突然差しこむ光のようなアイディアはこれからの川の流れの方向を示唆するものとなってくる．

　一方，数学史家の関心は，この流れを，いままで過ぎてきた時間と重ねて，流れの全体を俯瞰するか，あるいは，この流れにそそぐ小川を溯って，森の奥にある泉を探し求めるというようなことにあるようである．

　しかしこのようなそれぞれの視点のおき方とは無関係に，数学を愛している多くの人たちは，数学とは一体どんな学問なのか，それはどのようにして育ってき

たのか，いわばその景色を大きく眺望してみたいという感じを抱いておられるのではないかと思う．その景色を目にすれば，数学を学ぶ楽しみは一層深まるだろう．

　私はそのような期待に応えられるような本を書いてみたいと思った．

　いろいろ考えているうちに，私はこの本を，数学の流れに舟を浮かべ，舟の旅を楽しむようにしたいと思った．世界の歴史の変遷を季節のうつろいのように見て，そこに展開していく数学の風景を眺めながら川を下っていくのも興味あることではないだろうかと考えたのである．船に乗って両岸の景色を見れば，季節によって川に沿う森や山々はさまざまな色合いを示す．同じように，歴史の中を流れる数学の風景も，あるときは青葉の輝きを見せ，あるときは紅葉が散り冬の姿へと変わる山のたたずまいを映し出すだろう．

　数学の細かい内容にあまり立ち入らずに，読者と一緒に数学の眺めを楽しんでみたいと私は望むようになった．この本のテーマは，数学の歴史ではなく，標題に示すように数学の流れなのである．

　2007 年 1 月

　　　　　　　　　　　　　　　　　　　　　　　　　　　　志 賀 浩 二

目　　次

第 1 講　水源は不明でも ……………………………………………………1
　　文明と文化のはざま　　1
　　数えるということ　　2
　　夜明け前　　4
　　古代の数学の史料　　4

第 2 講　バビロニアの数学 ……………………………………………………7
　　シュメール，バビロニアの歴史　　7
　　60 進法によるバビロニアの数学　　9
　　バビロニアの天文学　　11

第 3 講　エジプトの数学（Ⅰ）………………………………………………14
　　古代エジプトの歴史　　14
　　エジプトの数字　　16
　　エジプトの計算法　　17

第 4 講　エジプトの数学（Ⅱ）………………………………………………20
　　エジプトの分数　　20
　　リンド・パピルス　　21
　　エジプトの幾何学　　22

第 5 講　古代ギリシァ…………………………………………………………25
　　ギリシァの歴史　　25
　　タレス　　27
　　古代ギリシァの思想家たち　　28

第6講　ピタゴラス………………………………………………………32
　ピタゴラスの生涯　32
　数について　33
　ピタゴラスの定理　35
　比と無理量　36
　無理量の発見　37

第7講　ギリシァ文化と数学……………………………………………38
　文化の枠組み　38
　ギリシァ文化の特質　39
　幾何学の誕生　40
　プラトンのイデア論　41

第8講　アテナイと数学者たち…………………………………………44
　アテナイ　44
　三大難問　45
　ヒッポクラテス　46

第9講　ギリシァの数学者たち…………………………………………50
　アンティポン　51
　アルキュタス　51
　メナイクモス　52
　ヒッピアス　53

第10講　『原論』の成立…………………………………………………56
　『原論』の誕生　56
　『原論』とギリシァ数学　57
　プラトン　58
　テアイテトス　59

第 11 講　『原論』第 1 巻 ……………………………………………… 62
原論——ストイケイア　62
定　義　63
公　準　64
第 5 公準　64
共通概念　65
命　題　66

第 12 講　『原論』の構成 ……………………………………………… 68
第 2 巻，第 3 巻，第 4 巻　68
第 5 巻，第 6 巻　69
第 7 巻，第 8 巻，第 9 巻　71
第 10 巻　72
第 11 巻，第 12 巻，第 13 巻　72

第 13 講　ヘレニズムの開花 …………………………………………… 74
ギリシァからヘレニズム時代へ　74
ヘレニズム時代の数学　75
ヘロン　76
パッポス　78

第 14 講　アルキメデス ………………………………………………… 82
アルキメデスの生涯　82
アルキメデスの著作　83
とりつくしの方法　84
放物線の面積　84
円の面積，球の体積と表面積　86

第 15 講　アポロニウス ………………………………………………… 90
アポロニウスとギリシァ数学の高峰　90
アポロニウスの著作　92

円錐曲線論　93
共役半径　93

第16講　ディオファントス······96
アレクサンドリアのたそがれ　96
ディオファントス　97
Arithmetica　98
『算術』の中から　99

第17講　ギリシアの天文学······102
1つの思い出　102
タレスからエウクレイデスまで　103
エウドクソス　104
アポロニウス　105
周転円　106
プトレマイオス　107

第18講　ギリシアの三角法······110
角の単位　110
ヒッパルコス　111
プトレマイオスの『アルマゲスト』　113

第19講　ヘレニズムのたそがれとアラビアの勃興······118
ローマの盛衰　118
シリア・ヘレニズム　119
砂漠の民アラブ　120
ムハンマドとイスラーム帝国の誕生　121

第20講　アラビアの目覚め······124
アラビア・ルネッサンス　124
知恵の館　125

目次　　　　　　　　　　　　vii

　　インド（ヒンズー）の 10 進法　　126
　　イスラームにおける 10 進表記　　127

第 21 講　代数学の誕生 ……………………………………………130
　　アル=フワーリズミー　　130
　　代数学の誕生　　131
　　アラビアと代数　　133

第 22 講　代数学の進展 ……………………………………………136
　　アブ=カミール　　136
　　アル=カラージ　　137
　　オマール・カイヤム　　139
　　アラビア数学の特質とその後の展開　　140

第 23 講　アラビアの三角法 ………………………………………143
　　古代天文学のアラビアへの移入　　143
　　インドの天文学と三角法　　144
　　アラビアの三角法　　145

第 24 講　アラビアの衰退と中世ヨーロッパの目覚め …………148
　　アラビアの衰退　　148
　　スペインにおけるイスラーム　　149
　　アラビアの学問と中世との接触　　150

第 25 講　中世イタリア都市の繁栄 ………………………………153
　　イタリアの商業都市　　153
　　中世経済の拡大　　154
　　読み書き算盤　　154
　　ローマ数字とアラビア数字　　155

第 26 講　算術と演算記号 ……………………………………………158
　ピサのレオナルド――フィボナッチ　158
　『算術の書』の中のいくつかの問題　160
　演算の記号　161

第 27 講　3 次方程式と 4 次方程式 …………………………………164
　イタリアにおける代数方程式への関心　164
　デル・フェルロとタルタリア　166
　カルダーノとタルタリア　167
　カルダーノとフェラリ　168

第 28 講　暦と時間 ……………………………………………………171
　日を数え，時間を測る　171
　太陽暦と太陰暦　172
　ローマと中世の暦　173
　ユリウス暦と復活祭　173
　時間と時計　174

第 29 講　過渡期 ………………………………………………………177
　レギオモンタヌス　177
　ヴィエト　180

第 30 講　大航海時代 …………………………………………………184
　大航海時代と新しい数学　184
　ポルトガルの船出　185
　船の位置と天文学　186
　経度と時計　187

事項索引 ……………………………………………………………………1
人名索引 ……………………………………………………………………4

中巻目次

第 1 講　近世への序曲
第 2 講　ネピアと対数（Ⅰ）
第 3 講　ネピアと対数（Ⅱ）
第 4 講　ヨーロッパ数学の胎動
第 5 講　デカルトの『方法序説』
第 6 講　解析幾何の誕生
第 7 講　フェルマとパスカル
第 8 講　無限に向けて
第 9 講　ニュートン
第 10 講　ニュートンの数学
第 11 講　ライプニッツ
第 12 講　ライプニッツの微分積分
第 13 講　ニュートンとライプニッツ
第 14 講　開かれた微分積分へ
第 15 講　ベルヌーイ
第 16 講　新しい計算法への批判
第 17 講　オイラー
第 18 講　オイラーの数学
第 19 講　ダランベール
第 20 講　ラグランジュ──フランス革命のはざまに
第 21 講　フーリエ──大きな時代の波の中で
第 22 講　19世紀数学の幕開け
第 23 講　ガウスの数学
第 24 講　コーシー
第 25 講　フーリエとコーシー──関数の2つの流れ
第 26 講　アーベルとガロア
第 27 講　ドイツの数学者たち
第 28 講　非ユークリッド幾何
第 29 講　リーマン
第 30 講　幾何学の基礎をなす仮説について

下巻目次

第 1 章　ヒルベルト
第 2 章　数学の問題
第 3 章　20 世紀数学の新しい局面
第 4 章　カントル——無限に向けての数学
第 5 章　新しい波
第 6 章　数学の流れの変化
第 7 章　ユダヤ——流浪と迫害の歴史
第 8 章　ユダヤ思想
第 9 章　ハンガリーの新しい波——東欧におけるユダヤ系数学者
第 10 章　ポーランド数学——2 つの大戦のはざまで
第 11 章　バナッハ——Scottish Café のつどい
第 12 章　バナッハ空間——解析学を蔽う広がり
第 13 章　20 世紀前半のドイツ数学
第 14 章　ネーター
第 15 章　ワイル——数学の巨匠
第 16 章　フォン・ノイマン——無限の中の数学
第 17 章　ワイルとフォン・ノイマン
第 18 章　位相空間の誕生
第 19 章　位相空間の広がり
第 20 章　抽象を蔽う空間
第 21 章　位相空間上の群
第 22 章　抽象の中の構成
第 23 章　ブルバキ
第 24 章　トポロジーの登場
第 25 章　トポロジーの代数化
第 26 章　多様体——現代数学の場
第 27 章　多様体の誕生——抽象の実現
第 28 章　多様体の展開
第 29 章　抽象数学の総合化
第 30 章　数学の流れについて考える

第1講
水源は不明でも

> 羊の数を数えたり，家を建てるために木を揃えたり，そうしたいわば原始社会の生活の中から生まれた一滴の水のようなものが，長い時間をかけて小さな流れをつくっていった．そしてこの流れの中に，各民族固有の数え方や，また木の高さや川幅を測ることから図形に対する関心，夜空の星の動きの観察などが育ってきた．数学は本来，人間精神が創造した文化であるが，一方それは誕生当初から商業や土木などの文明生活に適用され続けてきた．数学の流れは，つねに文化と文明の間を流れ続けている．そして数学は，人類文化の発祥の地といわれるシュメールとエジプトで最初に誕生した．

文明と文化のはざま

　数学という学問を，歴史の中で捉えようとすると，どこかはっきりと見えてこないところがある．それはたぶん数学の特殊性によるのだろう．たとえばユークリッドの『原論』は，いまでも数学という学問の中では重い意味をもっており，ユークリッドの名前はよく知られているが，『原論』で展開する幾何学の厳密な論理体系の中からは，ユークリッドという人も，古代ギリシャの影も消えている．いまから50年以上昔に，ホグベンという人のかいた『百万人の数学』という本が広く読まれていた．この本の中でユークリッドの『原論』についてかかれた章のタイトルは「涙なしのユークリッド」であった．この奇妙なタイトルは，『原論』という本の中からは，人間ユークリッドの情感というべきものを見出すことはできないということを示唆したものだったのかもしれない．

高等学校や大学で微分積分を学んで，いろいろな関数を微分したり，積分することができるようになっても，これがいつ頃，誰によって創られたものなのかということに思いを向けるようなことはほとんどない．数学の完成した理論体系の中では，人も歴史も消えてしまっている．『原論』の平行線の公理に2300年という長い時間を感ずることはないのである．

　このことは，文明社会の中にあっては科学技術が発達してきた歴史が，そのまま機械や製品の進歩へとつながり，それが社会の流れをつくり，人々の生活を変えていくのとはまったく対照的である．文明は社会の歩みと時間を共有している．

　それに対し数学は本質的に文化なのである．文化は文明と対極的なところにあって，それぞれの文化は固有の時間をもっている．それはちょうど木の根が，深い土壌の中で，季節を越えて一本一本の木を育て続けるのに似ている．

　しかしそれでも数学は，文化の中核をつくっている哲学や人文科学や芸術などとは少し違った面をもっている．それは数学が，科学技術の基礎部分の発展に本質的にかかわっている点にある．数学は，科学技術の理論を語る言葉である．木のたとえでいえば，数学は文化として木の根を育てるだけでなく，文明の進歩に向かって花や葉や枝の，そのときどきの広がりにも寄与してきた．その意味では，数学は歴史の時間の外にあるとはいえないのかもしれない．

　数学は，文化と文明という人間の創造活動の源泉にある2つの場所で，あるときは合流し，あるときは分流するということをくり返しながら流れ続けてきた．そのため数学の歴史を語る視点をどこにおくかは，難しい問題となってくるようである．

　私はそのため，数学も結局は世界の大きな歴史の中に取りこまれて育ってきたのだということを，この本の1つのテーマとしてかいてみようと思い立った．

数えるということ

　1940年代に，ダンツィクという人のかいた『科学の言葉＝数』（岩波書店）という本が出版された．この本の見開きに

「水源は不明でもやはり川は流れている」（ポアンカレ）という言葉が載せられていた．ポアンカレは19世紀の終りから20世紀のはじめに活躍したフランスの大数学者である．私はこの言葉に深い感銘を受けたことをいまも覚えている．

　数学の流れの水源など誰にも見定めることはできない．数学は，数に対する人間の目覚めからはじまったのだろうが，それはたぶん人類誕生に近い頃まで溯っていくのだろう．言葉は話せなくとも，1つ，2つとものの個数の区別がつき，また，1つ，2つのものより，3つのものの方が大きいという量の大小の区別がつかなくては，生きていくことはできないだろう．上に述べたダンツィクの本には，鳥は4つまでは区別がつくが，4つと5つの区別はできないというような話が載せられている．言語は，原始的な社会が形成されていく過程で相互の意思の疎通のために生まれたものだろうが，数とか量に対する感覚は，人間がひとりで生きるためにも必要なものであり，たぶん本能的に与えられていたものなのだろう．

　数を数えるために，小枝を折って並べたり，放牧した羊の数を数えるのに，羊と同じ数の小石を袋に入れてもっていったり，そのときどきにいろいろな工夫があった．それでも10までの数を数えるときには，両手の指を使うのがもっとも自然なことであったに違いない．しかし片手の指だけを使って，1から5までの数を数えるということもあったようである．ローマ数字

　　　　　　Ⅰ，Ⅱ，Ⅲ，Ⅳ，Ⅴ，Ⅵ，Ⅶ，Ⅷ，Ⅸ，Ⅹ

にその名残りが残っている．ローマ数字は，ローマにアルファベットが生まれるよりはるか以前にイタリアで生まれたが，Ⅰ，Ⅴ，Ⅹは，指，片手，両手を表わしていたと考えられている．ⅤはⅩの上半分をとったものである．

　手の指と足の指を全部使って数える20進法が行なわれている地方もあったようである．それはフランス語の数詞では，vingtが20を表わし，quatre-vingt（4個の20）が80を表わし，quatre-vingt-dix（4個の20と10）が90を表わしていることに形をとどめている．

夜明け前

　1万年より少し前に氷河期が終り，ヨーロッパなどは森林で蔽われるようになった．そして人々は，紀元前7000年頃から農耕生活をはじめ，1つの土地に定住するようになった．それはイスラエルやヨルダンの地方ではじまり，やがてギリシァやエーゲ海沿岸へと広がっていった．

　紀元前4000年頃から，現在のイラクを流れ，ペルシァ湾にそそぐティグリス，ユーフラテス川の流域にメソポタミア文明が誕生し，ここに都市を中心とする生活がはじまり，その生活は農耕，家畜飼育などで営まれるようになった．

　同じ頃，エジプト，ナイル河下流地域で，またそれより少しおくれて，インダス川や，黄河流域で定住生活がはじまるようになり，そこに世界の四大文明の発祥の地として，メソポタミア，エジプト，インド，中国が歴史に登場することになった．

　集落からしだいに町並みが整えられ，都市の機能を伴った生活がはじまれば，商業を中心とする経済活動や，城壁や堤防などをつくる工事も行なわれるようになり，数に対する共通の理解が必要なものとなってくる．数学への胎動がはじまってくるのである．

古代の数学の史料

　しかし，それはいまから何しろ6000年くらい前の話である．1000年とか1500年前に溯って歴史を調べることでさえも，史料を探すことは難しいのに，6000年というのは想像を超えた時間である．

　数学の古い時代を知るには，数学についてかかれたものを調べることが必要であるが，紀元前に溯れるような資料は，インドや中国にはほとんど残されていない．中国の古代では，木や竹をわって，そこに字をかく木簡とか竹簡というものが用いられていたが，それは経典や史書のように特別に保管されたものでない限り，やがて朽ち果てて消えてしまう．エジプトではパピルスを使ったが，これも

それほど耐久性のあるものではなかった．パピルスはしめり気のある土の中では，数百年もたつと消失してしまう．現在残っているのは，乾いた砂漠の中に埋もれていたものである．

その点メソポタミアは特別であった．メソポタミアでは，歴史学というより，考古学によって数学が発掘されたのである．メソポタミアでは，紀元前4000年頃からシュメール文明がはじまり，紀元前3000年後期には，粘土板に楔形（くさび）文字を刻んでかくことが行なわれるようになった．粘土板の素材は粘土であり，それは沖積地ならば誰でも手軽に手に入り，したがって経費のかかることはない．われないように厚い粘土板が用いられ，したがってかさばるが，それが固まると，乾燥した風土の中ではカビたり，くずれたりすることもなく，いつまでも原型をとどめる．固くなった粘土板に，軟かい粘土板を押しあてると転写も可能であり，実際そのようなことも行なわれていたのではないかといわれている．

何千年もの間，砂漠の中に深く埋もれていた粘土板は，19世紀から発掘がはじまり，楔形文字も解読されるようになった．それによってシュメールと，それに続くバビロニアの歴史と文明がどのようなものであったか，しだいに明らかになってきた．数学の歴史もまたそこから扉を開くことになる．

古代エジプトについては，象形（しょうけい）文字で石に刻まれた文面や，パピルスに記された古い記録から，数学の歩みがどのようなものであったかを窺い知ることができる．

古代の数学は，メソポタミアとエジプトからはじまるのである．

Tea Time

1，2，3，…という数には2つのはたらきがある．私たちは，ものの個数を数えるときには1つ，2つ，3つ，…と数えていくが，ものを順番に並べるときは，1番目，2番目，3番目，…と数えていく．英語ではこの2つのはたらきを数詞として明確に区別して，

$$\text{one, two, three, } \cdots$$

と

$$\text{the first, the second, the third, } \cdots$$

で表わしている．野球ではこの使い分けははっきりしていて，ピッチャーの投げた球は，ワンストライク，ツーボールのようにいうが，ランナーが出塁すれば，ファーストのランナーが，セカンドに向かって走っているなどという．

one, two, three, …の方を基数，the first, the second, the third, …の方を序数といって区別している．私たちは数の概念としては，基数の方が先であり，1つ，2つ，3つ，…とものを数えることから数が生まれてきたのだろうと考えがちである．しかし西欧の人は必ずしもそうではないようで，数は宗教的儀式の中で順番をつけるところから生まれてきたのではないかという考えもあるようである．これは私のまったく思いつきにすぎないのかもしれないが，基数と序数への考え方の違いは，あるいは文化の根源にまで溯るのではなかろうか．私たちは農耕民族だから，「ものを数える」ということが基本で，1束，2束とか，1袋，2袋という数え方がごく自然に用いられるようになったのだろう．しかし狩猟民族では，とった獲物のどこがおいしいかの序列や，またそれをどのような順番で分けるかなどという手順が大切で，そこに序数という考えが自然に芽生えたのかもしれない．

第2講
バビロニアの数学

> シュメールからバビロンに至るまでの3000年以上という歴史は長い．バビロンの人たちがシュメールを思い出すことがあれば，それは現在の私たちが古代ギリシァを想起するより隔った時代となる．この長い歳月の中で，ティグリス，ユーフラテスの川の流域で，数学が緩やかな流れの中で育てられ，数字が発明され，60進法による計算法が確立し，2次方程式も解かれるようになった．かんたんな3次方程式も解けたという．2次方程式や3次方程式が日常の生活に現われることはほとんどないから，これは未知の森へ誘われて，そこに足を踏み入れる数学の最初の胎動といってよいかもしれない．またバビロニアでは古代の天文学が開花した．

シュメール，バビロニアの歴史

　メソポタミアで人類最初の文化と文明が何千年にもわたる長い時間の流れの中で誕生した．その歴史をまずふり返っておこう．

　「メソポタミア」とはギリシァ語で2つの川の流域地方を意味している．ティグリス，ユーフラテスの川のほとりに人々が定住をはじめたのは，紀元前4000年頃のことであるが，やがてここにシュメール人が文明を開化させることになった．それは紀元前3500年頃のことである．長年にわたるティグリス，ユーフラテスの洪水で肥沃となった流域の沖積平野には，麦などの農作物が豊かな稔りを与え，魚も豊富で，牛，羊，山羊，豚などが家畜として飼われるようになった．これがウル，ウルク，キシュなどに都市文明をつくり上げたのである．人々は物

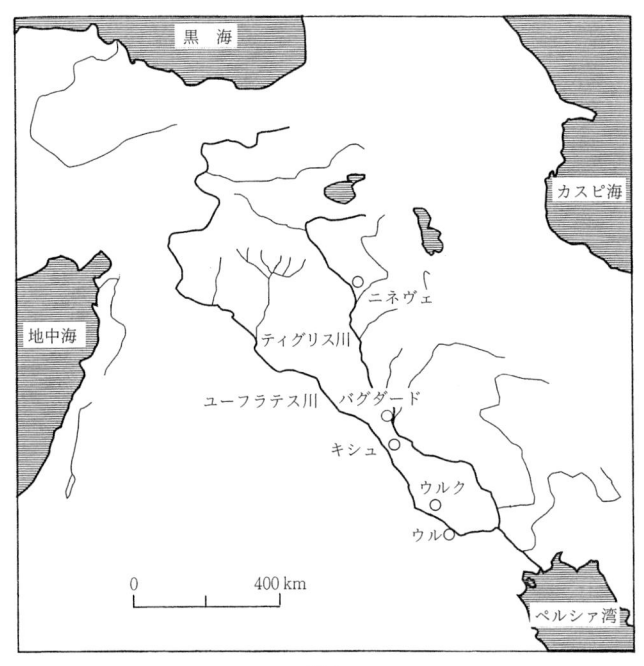

図 1

質的繁栄を誇り，そこには灌漑用の運河や貯水池もつくられ，また美術，建築，社会機構，教育など，さまざまな方面でそれまでにない新しいひろがりがこの都市文明の中ではじまった．楔形文字を粘土板に記す記録システムは，紀元前3000年紀の後半になって用いられるようになった．

　紀元前3000年頃には王制が確立され，いくつかの都市国家が誕生した．その後数百年間，これらの都市国家の間に絶え間ない戦争が続いて，それが止むのは，異民族がメソポタミアに侵入するときであった．しかし結局内部闘争が原因で，シュメール人の都市国家は分裂し，バビロニア人とよばれる民族がメソポタミアの主権を握るようになった．

　バビロニア人が征服した1つの都市がバビロンである．バビロンはバグダードの南，約80キロのところにある．そして紀元前1750年にハンムラビが王位につき，有名なハンムラビ法典をつくったが，それは楔形文字でかかれた記録としていまも残されている．バビロンになっても，シュメールの文化はそのまま引き継

がれ，そこに断絶するようなものはほとんどなかった（図1）．

　やがて紀元前1600年頃，北方からヒッタイト，カッシュ人の侵入がはじまり，そのあと4世紀半にわたってバビロニアを支配した．紀元前1170年頃，イラクのエラム人がバビロニアに侵入した．紀元前9世紀頃，北方のアッシリアが征服活動をはじめ，ティグリス川の上流にあるニネヴェを首都として，エジプトからペルシャ湾にいたる広大な古代国家を建設し，その中にバビロニアも含まれていた．しかしこの古代の大国家アッシリアも紀元前7世紀に滅び，その後カルディア人の血をひく王朝が，バビロンを都としてメソポタミア全土を支配するようになる．そしてここにネブカドネザル二世が現われ，バビロニア帝国を復興し，パレスチナ，シリア，フェニキア沿岸の富裕な交易都市を，メソポタミアの支配下におさめた．ネブカドネザルはバビロンの再興に力をそそぎ，バビロンを壮麗な美しい町にして，当時の文化的，国際的な中心となる大都市とした．このバビロンに有名な高さ90メートルに達するバベルの塔がつくられた．バビロンは，長い間砂漠の下に埋もれていたが，20世紀になる少し前から発掘がはじめられ，この時代の多くの遺跡を出土したが，それ以前のものは，ほとんど出土されていない．

　しかし，この再興されたバビロンも，紀元前539年にペルシャ人によって占領された．

　4000年以上にもわたるメソポタミアも，紀元前500年頃，完全にペルシャの支配下に入り，ティグリス，ユーフラテス川のほとりに栄えた古代史は，ここで終りを告げたのである．この長い長い歴史の中でも，文化は1つの流れをつくっている．ここで育ってきた数学をバビロニアの数学ということにしよう．

60進法によるバビロニアの数学

　バビロニアの数学では60進法が用いられていた．この60進法は，いまでも時間を測るときに用いられている．60秒，60分を区切りとして時間の単位が繰り上っていく．60進法が今でもこのように使われているのは，便利な点があるからである．それは60という数が約数を多くもつということである．60は一桁の

数でも 1, 2, 3, 4, 5, 6 を約数としてもち，わった答は 60, 30, 20, 15, 12, 10 となる．私たちが現在時計を見て 45 分という値を不自然さを感じないのは，それは 15 分の 3 倍で，1 時間の $\frac{3}{4}$ を指しているからである．バビロニアでは，いろいろな量に計量システムがつけられていたが，それらは 60 進法のため，たとえば牛乳や油の量を測るときには，測った量が，40 または 45 ならば，それは全体の量の $\frac{2}{3}$ または $\frac{3}{4}$ を表わしていた．

　数の表わし方は，1 を表わすのに 1 本のくさび型の ▼，10 を表わすのに角カッコのような ◀ が用いられ，図 2 のように数を表わしていた．

　60 進法による位取りを表わすのに，位取りの上がる 60 は，1 と同じ ▼ で表わした．前後の関係から ▼ が 1 か 60 かはわかったのだろう．しかし 61 を表わすときには ▼ と ▼ の間を少しあけて，2 を表わす ▼▼ と区別した．この位取りの記号によって，僅か 2 つの記号 ▼ と ◀ によって数を表わすという着想が，いまから 5000 年前には生まれていたということは，驚くべきことである．

　これらの数は，粘土板上に，楔形文字をかくときと同じように刻みこまれている．粘土板上に文字を刻むときには，最初は葦の枝を使っていたが，紀元前 3000 年頃からは，書記たちはとがった三角形の錐のような道具で刻んでいた．歴史上最初に現われた数が，このような抽象的な記号で表わされたことは驚くべきことである．楔形文字は，絵文字から生まれたが，それを粘土板上に刻む過程で単純化され，刻みやすい形になったようである（なお楔形文字は最終的には表音文字となった）．数もまた粘土板上に刻みこまれ，それを読みとる実務が増えるにつれ，このような位取りまで考えられた単純で明確な表記となったのかもしれない．

　この数を使って，足し算，引き算，かけ算，わり算をした．60 進法は小数表

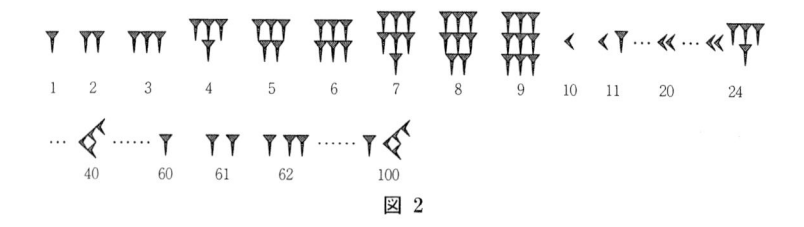

図 2

記にも用いられた．分数の考えはなかった．かけ算には九九の表に相当するかけ算の表も必要になったが，それは 60 進法では大変複雑なものとなった．それから平方の表，立方の表などが用意されていた．そしてこれらを使って，現在ならば 1 次方程式，連立方程式，2 次方程式として定式化できる実際上の問題を解くことができた．2 次方程式は，たとえば正方形や長方形の面積の問題に関係して現われている．

バビロニアの人たちが，実際数学の問題として解かなければならなかったものとしては，たとえば次のようなものがあった．

　　金銭について　　：単利計算と複利計算
　　商業について　　：利益，損益の計算
　　相続について　　：土地の分割の割合など
　　労働について　　：給与に関する計算や，仕事の割り当て
　　土木作業について：基礎工事のときの測量，堤防，貯水池などの計画，築城などに現われる城壁の傾きなどの設計

そのほか，面積や，体積や，重さなどを測るとき，単位の変換など．

これらについて，発掘された粘土板の中に，数学の問題として表わされ，その解き方も記されているものもある．これについて興味をもたれる方は室井和男氏の『バビロニアの数学』（東京大学出版会，2000 年）を参照されるとよい．

バビロニアの天文学

バビロニアでは天文学も生まれた．そこでは 60 進法による数の取扱いと，その計算法に習熟していたことが，大きな働きを示したようである．数学にくらべ，天文学の発達は遅く，アッシリアの時代からである．紀元前 700 年頃にかかれた天文学の本には，昼の時間の最長時間と最短時間の比として 3 : 2 が挙げられているが，これは緯度にして 35° 近くにある数値である．バビロニアではこの頃から天体の規則的観察がはじまった．

太陽が天球を 1 年かけて回る軌道を黄道という．黄道を中心にして南北に幅がそれぞれ 8 度の帯を獣帯という．獣帯にある星が 30° ずつさらに 12 の獣帯にわ

けられたのもこの頃で，天体の位置を示す座標の役目をするようになった．

月が完全に太陽と同じ方向にある新月を朔(さく)といい，太陽と反対方向にある満月を望(ぼう)という．朔望月とは，この1周期の長さを示す．バビロニアでは

$$19 \text{太陽年} = 235 \text{朔望月} = 12 \times 12 + 7 \times 13 \text{ 朔望月}$$

という関係が知られた．すなわち19年の間に7回の閏年（13朔望月からなる年）をおくと，太陽と月の運動を考慮に入れた暦ができる．バビロニアの暦は基本的には朔望月であった．

暦の計算から太陽と月の運動が詳しく調べられるようになり，天文学の誕生となった．たとえば，太陽がおとめ座の$13°$から，うお座の$27°$まで合計$194°$の間を動く太陽の速さは，1朔望月に$30°$と一定で，残りの$166°$の間を動く速さは，1朔望月に$28°7'30''$のような表もあった．

バビロニアの天文学の背景には，古代の進んだ数学があり，算術的なものであった．しかしそこには，幾何学的な天体モデルのようなものはなかった．

Tea Time

バビロニアで3000年もの歳月をかけて育った数学も，砂漠の中に深く埋もれたまま，その後2000年もの間，誰にも知られることはなかった．私たちが現在バビロニアの数学がどのようなものであったかを知ることができるようになったのは，奇蹟に近いことである．数学史家は，史料を大切にするから，バビロニアの数学がその後の数学の流れにどのような影響を及ぼしたかについては，慎重な態度をとっているようにみえる．影響を取り出して述べることは難しい．

私はここでは，空想に近いことであるが次のように考えている．メソポタミアの4000年は，オリエント諸民族の興亡の歴史であったが，あるときはシリアを横切って地中海沿岸，エジプトにまで勢力を伸ばしたこともあった．またバビロンの栄華は，文化，文明の面で当時の世界の中心をつくった．そこではさまざまな交易や，オリエントの人々の往来もあったろう．商業上の取引きの中では，同じ数学の知識をもつことも必要であったに違いない．バビロニアの数学は，古代オリエント全域にわたって確実に浸透していったのだろう．しかしそれらの記録はほとんど残されていないようである．バビロニアの数学がその後どのように流

れ，広がっていったかは，それぞれの民族のもつ固有な文化の形にかかわっており，それを探ることは難しいようである．

　数学の歴史という観点に立てば，やがてはじまるギリシァの数学も，それはオリエントの影響を受けたにしても，やはり「水源は不明でも」ということになるのだろう．

第3講
エジプトの数学（I）

> バビロンの栄華は砂漠の中に消え跡形もないが，エジプトはピラミッドによって古代文明の壮大さを伝えている．エジプトの文化も文明も，ピラミッドのように時間を超えたどこか永遠の静寂をひめた中で3000年の時を過したようにみえる．エジプトでは，数は神官文字とよばれる象形文字で記されており，10進法が用いられていた．のちに書記たちは神聖文字とよばれるものを使って計算もするようになったが，これはバビロニアのように数学としての記号化が十分されていなかったので，特にかけ算，わり算をするのに，独特の工夫が必要となった．この計算法は，2進法と結びつくので興味がある．

古代エジプトの歴史

　ナイル川に沿った細長い谷に人々が住みつくようになったのは，いまから1万年以上も昔のことである．生命の川ナイルの恵みを受けていたエジプトに，最初の王（ファラオ）が現われたのは，紀元前3000年頃のことである．メソポタミアは，ティグリス，ユーフラテス川に沿う開けた土地に栄えたため，国の力のかなりを外敵の侵入に備えるために向けなければならなかったが，それに対してエジプトは，砂漠は天然の防壁となり，ナイルの谷は敵を寄せつけることはなかった．そのためエジプト人は長い間平和な生活を営むことができたのである．ナイル川のほとりに点在していた人々は，毎年氾濫するナイル川に対処するため寄り集まったが，やがてこの共同作業が組織へと発展していった．この組織の力が，

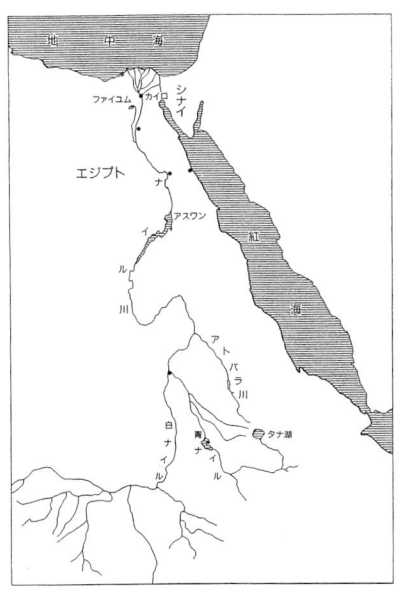

図 3

エジプトを永続的な国家に築き上げる礎となったのである．紀元前3100年頃，それまで上エジプト，下エジプトの2つの地方に分かれていたエジプト人は，1人の王によって統合され，王制が確立した．王制はこのあと，30王朝にわたり続く．第1王朝，第2王朝は400年ほど続いたが，この間に先史時代から歴史時代へと移った（図3）．

　古代エジプトの歴史は，古王国，中王国，新王国の3つに分けられる．古王国は，およそ紀元前2700年から2200年に栄え，巨大なピラミッドが次々と建造された．紀元前2000年から1800年に至る中王国は，政治的勢力が強まり，商業的に活気を呈してきた．このあとヒクソスが侵入してきて，異民族の王が生まれた．その後再び独立し，紀元前1600年頃からはじまる新王国時代は，エジプトの政治権力が頂点に達し，一時は地中海東岸のフェニキアまで侵出し，帝国にふさわしい力を示す時期となった．この新王国は，紀元前1100年頃，終局の時を迎える．紀元前4世紀までファラオは王位を保ち続けたが，その間にも異民族アッシリア，ペルシァにしたがわなければならなかった．

　エジプト文化は，文字の使用とともにはじまった．それは紀元前4000年頃の

後半で，メソポタミアで楔形文字が使用されてから少しあとのことのようである．計算の方法も発達して，税の計算などにも使われた．ナイルの治水作業は，土地を測る技術を高め，それは幾何学の発祥となった．

古代エジプト人は保守的であり，そのため彼らの文明は，長い王朝を通して保存され続けた．また彼らは死後の世界は生の延長にあると考え，生前から死後の準備をし，多くのものを墓に残していった．

私たちは，いまでもエジプトの彫刻や遺物を見ると，そこには時が止まり，永遠を感ずることがある．

エジプトの数字

エジプトの数字は象形文字として表わされ，それは神聖文字ともいう．それは図4のようなものであり，千万台の数まで表わすことができた．

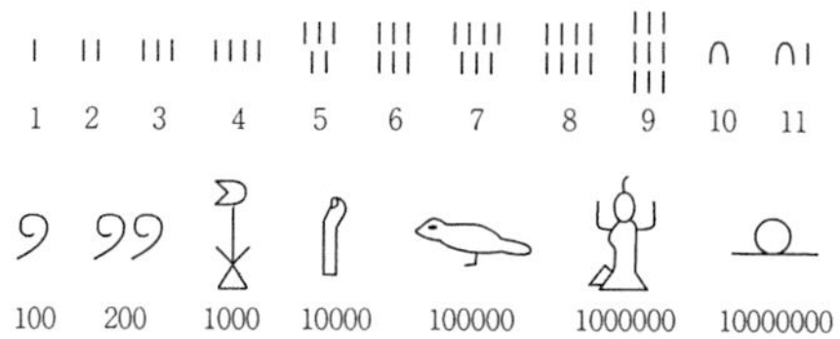

図4

これを使ってたとえば13246は図5のように表わされた．

13246
図5

1, 10, 100, …, 10000000（千万）まで，10のべき乗のおのおのに対して，それを表わす記号が用意されていた．1に対しては縦の線1本，10はかごの取っ手，そこに10個の卵が入るから．100は巻いたロープ，それは100歩の長さのようなものを表わしている．1000にはハスの花，それはナイル川のほとりに無数にあったから．10000は人差し指という説もあるが，ナイル川のほとりに生え

ている葦かパピルス草の芽であるという説の方が確からしい．それは一時に一斉に芽を出す．10万はオタマジャクシ，それはつねに大量にかたまって見られるから．100万は，星の数を示すかのように，星空に向かって手を上げている神，千万は神を表わしているという．太陽の形をしており，人智を越えていることを示しているようである．

なおこの神聖文字とは別に，このあと書記などがパピルスに記すのにもっと書きやすい，記号化された神官文字とよばれるものも現われた．1から10まで，それは図6のように表わされる．

| | | ||| ─ ┐ |||| ⌒ = //// 人
1 2 3 4 5 6 7 8 9 10

図 6

バビロニアでは数は60進法であったが，エジプトでは10進法であり，その意味ではエジプトの方が私たちにはなじみやすい．しかしエジプトの数表記には位取りの考えはなかった．それに対してバビロニアの数表記には位取りの考えがあって，そのためわずか2つの記号▼と◁とですべての数を表わすことができた．私たちがかけ算を行なうことを考えるとき，繰上げがでてくるが，そのとき位取りがどれほど計算にとっても大切な考えかがわかるだろう．

エジプトの計算法

象形文字を使っての足し算，引き算はかんたんにできる．ふつう使う数に，そんなに大きな数がでることはないだろう．たとえば27+18=45は，現在の記号+と=を使えば

∩∩ |||| + ∩ ||||| = ∩∩∩∩ |||

と表わされるだろう．

かけ算，わり算の計算にはエジプト人は独特な工夫をした．まず36×27をどのように計算したかを示してみよう．

この計算では，かけ算は，2倍する計算をくり返し行なうことに還元されてい

る．2倍することは足し算でかんたんにできる．一方，27 は 1, 2, 8, 16 を足したもので表わせる．これで 36×27 が求められるのである（図7）．

現在の見方でいえば，この計算法を支えているのは，すべての数は2進数表記によって表わすことができるということである．

たとえばこの計算法にしたがえば

$$75 = 1 + 2 + 2^3 + 2^6 = 1 + 2 + 8 + 64$$

と表わされるから

$$36 \times 75 = 36 \times (1 + 2 + 8 + 64)$$
$$= 36 + 36 \times 2 + 36 \times 8 + 36 \times 64$$
$$= 2700$$

となる．

```
36× 1 =36  ⎫ 2倍
36× 2 =72  ⎬ 2倍
36× 4 =144 ⎬ 2倍
36× 8 =288 ⎬ 2倍
36× 16=576 ⎭
一方
   27=1+2+8+16
したがって
   36×27=36×(1+2+8+16)
        =36+72+288+576
        =972
```

図 7

わり算のときには，わる数を次々と2倍してわられる数を越えるところまで求める．その数を引いて，得られた数に対して同じ操作をくり返す．わりきれるときにはこのくり返しで答が求められる．例で示してみよう．

$$713 \div 31 = 23 (= 1 + 2 + 2^2 + 2^4)$$

は，エジプトでは図8のように行なわれた．

```
31×1=31
31×2=62
62×2=124  (=31×2²)
124×2=248 (=31×2³)
248×2=496 (=31×2⁴)
------------------
496×2=992 (=31×2⁵)
```

図 8

これを見ると，31を次々と2倍していくと，5回くり返すと，わる数 713 を越してしまう．したがって次のようにわり算をすることになる．

$$713 - 496 = 217, \quad 217 - 124 = 93, \quad 93 - 62 = 31$$

これから $713 = 31 \times (2^4 + 2^2 + 2 + 1) = 31 \times 23$ となり，わり算の答が

$$713 \div 31 = 2^4 + 2^2 + 2 + 1 = 23$$

と求められる．

　このエジプトによって確立された「2倍法」によるかけ算とわり算の仕方は，ビザンチウムや中世ヨーロッパで，アラビア数字による計算法が確立する以前，ローマ数字を使って計算しているときにも広く用いられていた．

Tea Time

　エジプトは，紀元前3000年頃から約2000年間，ほとんど外敵から侵入されることもなく，そのため人々はナイル川のほとりで平和な暮しを続けることができた．先史以前にまで溯れば，5000年もの間，ナイル川は命の水となって人々を潤し続けたのである．しかし毎年起きるナイル川の氾濫によって泥地と化した大地は，人々に毎年耕地を測り直して区画を定め直す必要を生じさせた．エジプトの歴史は，ピラミッドを見ても感ぜられるように，大地としっかり結びついており，そこに土地を測るという実際上の目的から，幾何学が誕生してきた，といわれている．

　しかし広大なナイル川に沿う沃野や，果てしない砂漠の中で土地を測るというようなことは，私たちが紙の上に定規やコンパスなどを使って図形を描いて，その性質を調べようとすることは，全然違う感覚の中で行なわれることなのではなかろうか．私には知識もなくわからないが，それがエジプトにおける独自の「幾何学」を生んだのかもしれない．

　ギリシャ数学を創ったといわれるタレスやピタゴラスが，エジプトへ渡って見たものはギリシャとはまったく異なる文化だったに違いない．古代における文化の接触がどのように行なわれ，どのように影響を与えたのかは，興味あることだが，想像することも難しい．

第4講
エジプトの数学（II）

　エジプトの数には小数はなかった．1より小さい数を表わすには，単位分数とよばれる分子が1の分数と，ほかに $\frac{2}{3}$ だけあった．そして一般の分数は，異なる単位分数の和として表わした．たとえば $\frac{3}{7} = \frac{1}{3} + \frac{1}{11} + \frac{1}{231}$ である．これは $\frac{3}{7}$ に一番近い単位分数 $\frac{1}{3}$ をとったとき，その誤差は $\frac{1}{11}$，より精密な誤差を求めるとさらに $\frac{1}{231}$ が加わることを示している．これはエジプト人の正確さに対する強い関心を示したものと考えられている．エジプトの数学を知る資料としてはリンド・パピルスがある．ここで取扱われているのは高度の算術であるが，このような数学が王や神官に仕える書記以外の人たちに，どのように伝えられ，用いられていたのかはわからない．幾何学は土地，建造物の測量術とともに考えられたようである．しかしそれが学問として発展していくことはなかった．

エジプトの分数

　エジプトの数の表わし方には位取りの考えがなかったが，そのことも関係したのか，エジプトには小数はなかった．分数は，単位分数とよばれる分子が1の分数

$$\frac{1}{2}, \ \frac{1}{3}, \ \frac{1}{4}, \ \frac{1}{5}, \ \cdots$$

と，$\frac{2}{3}$ だけがあった．

単位分数 $\frac{1}{2}$, $\frac{1}{3}$, $\frac{1}{4}$ などは

図 9

のように整数の記号の上に卵形の記号をつけて表わした（図9）．$\frac{2}{3}$ は で表わした．

一般の分数の考えはなかった．

■ 私たちのふだんの生活を考えてみても，たとえばメロンを5等分したとき，「$\frac{1}{5}$ 切れを2つ下さい」というが，「$\frac{2}{5}$ 切れを1つ下さい」とはいわない．等分にわけたとき，それによって測る単位が決まり，それを1つ，2つと数えるのがふつうである．分数 $\frac{2}{5}$ を，$2 \div 5$ と考えたり，比 $2 : 5$ と考えるような状況は，数学を離れると日常ではあまり出会わないようである．

このすぐあとで述べるリンド・パピルスの中では，分数を単位分数にわけることが述べられている．たとえば $\frac{1}{5}$ を2倍した $\frac{2}{5}$ は $\frac{1}{3} + \frac{1}{15}$ であり，$\frac{1}{67}$ を2倍したものは $\frac{1}{40} + \frac{1}{335} + \frac{1}{536}$ である．

■ 実際は Tea Time で述べるように，どんな分数も単位分数の和として表わすことができる．しかしその表わし方は一通りではない．

リンド・パピルス

1858年に，スコットランド人リンドによって，幅約30 cm，長さ約540 cmのパピルスの巻物が見出された．それは数学に関する文書で，リンド・パピルスとよばれている．これは書記アーメスによって紀元前1650年頃にかかれたものである．アーメスは，この原本となるものは，紀元前2000年から1800年頃の中王

国時代にかかれていると記している．エジプトの数学を知る上で，このリンド・パピルスがもっとも大きな役割りを果たしているが，そのほかにもモスクワ・パピルスとよばれるものなどもある．

リンド・パピルスは $\frac{2}{n}$ を，5 から 101 までのすべての奇数について，異なる単位分数に分解する表からはじまっている．$\frac{2}{101}$ は $\frac{1}{101}$ と $\frac{1}{202}$ と $\frac{1}{303}$ と $\frac{1}{606}$ に分解されている．

リンド・パピルスには，多くの算術の問題と計算の問題がのせられている．そのいくつかをあげてみよう．

・100 枚のパンを 5 人に分けるのに，それぞれの分け前が等差数列になって，多い方の 3 人分の和の $\frac{1}{7}$ が，少ない方の 2 人分の和に等しいようにせよ．$\left(\text{答は } \frac{5}{3},\ \frac{65}{6},\ 20,\ \frac{175}{6},\ \frac{115}{3}\right)$

・$\frac{1}{16}+\frac{1}{112}$ と $1+\frac{1}{2}+\frac{1}{4}$ の積を求める問題 $\left(\text{答は } \frac{1}{8}\right)$

・100 を $7+\frac{1}{2}+\frac{1}{4}+\frac{1}{8}$ でわった答を求める問題 $\left(\text{アーメスの答は } 12+\frac{2}{3}+\frac{1}{42}+\frac{1}{126}\right)$

エジプトの幾何学

エジプト人は正確さを好む人たちだったようである．ピラミッドの建設にあたっては，ピラミッドの土台にするのにふさわしい場所として，周囲の砂漠より一段高くなっている岩でできた丘を選んで，そこに底辺が完全な正方形をとるように輪郭をとった．さらにその基盤が水平となるように測るために，その回りに水をたたえた水路網がつくられた．現代の専門家が測っても，ピラミッドの立っている南東の隅は，北西の隅より，僅か 1 cm あまり高いだけである．

エジプト人は，ナイルの増水を測ったり，毎年水の引いたあとの耕地の面積を

測ったり，また壮麗な神殿や，宮殿を建設したり，geo-metry（土地-測る）についてはすぐれた技術をもっていたが，それを抽象化するということはなかった．エジプト人は，数学の実用面にしか関心を示さなかった．エジプトで幾何学が生まれたというが，それは数が工学に使われた最初の歴史を示していると見た方がよいのかもしれない．

　リンド・パピルスには，2等辺三角形の面積は，底辺の半分に高さをかけたものとして求められることや，等脚台形の面積は等脚台形を長方形に直した上で，

$$\frac{(上底+下底)}{2}\times 高さ$$

として求められることも記されている．またリンド・パピルスの第50問では，直径9の円の面積は1辺が8の正方形の面積に等しいと仮定されている．これは円周率 π を約 $3\frac{1}{6}(=3.166\cdots)$ としていることになる．モスクワ・パピルスの中には角錐台の体積も示されている

　また，角の大きさを示すものとして，現在 cosec（コセカント）とよばれる $\dfrac{斜辺}{底辺}$ も用いられている．

　バビロニアでは，すぐれた数表記もあって，都市生活に現われる商業上のことや，建築などに関する問題が，すべて算術化され，それはさらに2次方程式，3次方程式へと眼を向けさせることになった．バビロニアの数学は動的であった．それに対して，エジプトの幾何学は，具体的な図形を測ることから生まれたが，そこには何か学問として育つような動的なものは感じられない．目の前におかれた図形の中から，幾何学という学問の体系が生まれてくるには，ギリシャ人のような深い思想的背景が必要であったのだろう．

Tea Time

　「どんな分数も，異なる単位分数の和として表わせる」ということを証明しようとすると，これはいまでもなかなか難しい問題となる．実際たとえば

$$\frac{20}{69}=\frac{1}{4}+\frac{1}{26}+\frac{1}{718}+\frac{1}{1288092}$$

などという結果を見ると，これが正しいことを確かめることさえ容易でないことがわかる．

しかし数学的帰納法を用いると，比較的かんたんに示すことができる．そのことを述べてみよう．

証明には等式

$$\frac{1}{m} = \frac{1}{m+1} + \frac{1}{m(m+1)} \qquad (*)$$

を使う．そして m をとめて，$\frac{n}{m}$ $(n=1, 2, \cdots)$ が異なる単位分数の和として表わされることを，n についての帰納法で示す．

ⅰ）$n=1$ のときは，$\frac{1}{m}$ それ自身が単位分数である．あるいは最初の問題を，「少くとも2つの異なる単位分数の和として表わされている」とよむときには，($*$) がその分け方を示している．

ⅱ）$n=k$ のときまで示されたとする．このとき ($*$) を使うと

$$\frac{k+1}{m} = \frac{k}{m} + \frac{1}{m+1} + \frac{1}{m(m+1)}$$

となる．仮定により $\frac{k}{m}$ は異なる単位分数の和として表わされている．もしこの単位分数の中に $\frac{1}{m+1}$ と $\frac{1}{m(m+1)}$ が含まれていなければ，これで $\frac{k+1}{m}$ の場合も示されたこととなる．そうでないときは，$\frac{1}{m+1}$ と $\frac{1}{m(m+1)}$ に ($*$) を使うと

$$\frac{1}{m+1} = \frac{1}{m+2} + \frac{1}{(m+1)(m+2)}$$

$$\frac{1}{m(m+1)} = \frac{1}{m(m+1)+1} + \frac{1}{m(m+1)\{m(m+1)+1\}}$$

となって，これらはさらに大きな分母をもつ単位分数の和になる．すべてが異なる単位分数となるまでこの操作をくり返せば，$\frac{k+1}{m}$ が異なる単位分数の和となることが示されたことになる．

第5講
古代ギリシァ

> ギリシァでは，単に数学だけではなく，哲学も誕生し，学問がはじめて人間文化の中心におかれ，花開くことになった．それに先がけて，紀元前600年頃，タレスははじめて三角形という形象のもつ内在的な性質に目を向けた．それまでも三角形という図形は日常生活でも土木工事の中でも，どこにでも現われていたが，それが抽象化され，概念として取り出されたのである．ピタゴラスを数学の生みの親というならば，タレスは数学の祖というべき人かもしれない．古代ギリシァでは，小アジアのイオニアで，自然の生成に関するさまざまな哲学が展開していた．一方，イタリア南部にあったエレアでは，万物の根源に存在を見ていた．そしてここから運動についての有名なツェノンの逆理が生まれた．

ギリシァの歴史

　ギリシァの古代史は，エーゲ海をはさんで西のバルカン半島とペロポネソス半島と，東の小アジアとよばれる広い地域，それにエーゲ海に浮かぶクレタ島を中心にして展開する．小アジアは，アジアから西へ向う通路にあたり，古来から民族の交流が多く，ヒッタイトなど多くの国が興亡をくり返した．一方，エーゲ海には，クレタ島で紀元前2000年頃からエーゲ文明が花開き，ギリシァ本土にはミケーネを中心として，ミケーネ文明が発達した．

　紀元前1100年頃，ミケーネは北方から侵入してきたドーリア人によって滅ぼされてしまった．このあと200〜300年間は，エーゲ海をめぐる地域では，征服

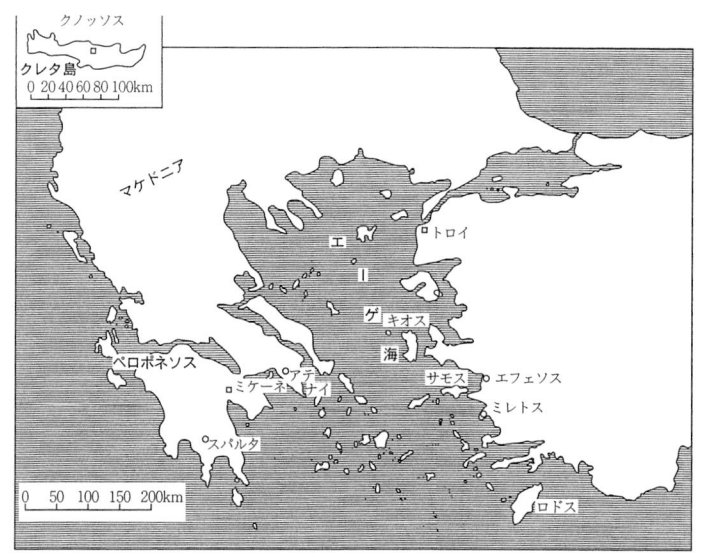

図 10

や民族の移動などの大混乱が起き、暗黒時代になった。しかし紀元前8世紀頃には、現在のギリシァの地域に、ギリシァ人によってポリスという小さな共同国家に分立したギリシァ国家が誕生した。ポリスの中でもっとも大きいのは、ペロポネソス半島のスパルタと、バルカン半島南端のアテナイであったが、この2つのポリスを構成するギリシァ人は、スパルタはドーリア人であり、アテナイはミケーネからのギリシァ人であった。紀元前750年から550年頃までは、地中海沿岸から黒海沿岸にわたっての広い地域で、ギリシァは活発な植民地活動をはじめた（図10）。

　一方、ペルシァは、紀元前6世紀に、小アジアからオリエントにかけて大帝国をつくっていた。ペルシァは、ギリシァへの侵入を紀元前490年と480年に2回にわたって企てたが、480年、アテナイはサラミスの海戦でペルシァ軍に対して決定的な勝利をおさめた。このあとアテナイは、経済、文化、芸術の面で最盛期を迎えた。特に紀元前443年からペリクレスがアテナイの民主的な政治体制を確立し、もっとも輝かしい時代となった。しかし紀元前431年から404年までアテナイとスパルタの間で「世界戦争」ともよばれたペロポネソス戦争が行なわれ、

アテナイは敗れ，アテナイの栄光にかげりが生じてきた．紀元前 338 年に北方からマケドニアがギリシャに侵入してきた．この戦いでアテナイとテーベの連合軍は敗れ，それ以後ギリシャは外国の支配下におかれることになった．

タ レ ス

　ミレトスは小アジアの南西部，イオニア地方にある町である．紀元前 1100 年頃，ギリシャに住んでいたアカイア人（ギリシャ民族の古いよび名）は，ドーリア人の侵入を受けたため，小アジアの南西部の海岸沿いに定着し，多くの植民地をつくった．ミレトスはこのような町の 1 つであるが，この町は多くの賢人，思想家を育て，そしてそれはイオニア学派とよばれる思想の流れをつくった．タレスはその中でも数学史の上ではもっとも有名な人である．

　伝承によるとタレスは，紀元前 624 年に生まれ，紀元前 548 年に亡くなっている．どの時代でもタレスは偉大な智者として考えられてきた．「汝自身を知れ」はタレスの言葉とされている．タレスは，リディア人とメディア人の 6 年間にわたる戦いのとき，日食を予知したことでこの戦争を終結に導いたと伝えられている．この日食は紀元前 585 年 5 月 28 日のこととなっている．

　タレスは若いとき商人としてエジプトやバビロニアに旅行したと伝えられ，このとき幾何学を神官から学んだといわれている．また帰郷してからミレトスに哲学学校を創設したともいわれている．

　次の発見はタレスに帰せられている．
　（A）　円はその直径によって 2 等分される．
　（B）　2 等辺三角形の底角は等しい．
　（C）　2 直線が交われば，対頂角は等しい．
　（D）　半円に内接する角は直角である（この発見は，1 頭の牡牛を神に捧げたほど，タレスを狂喜させたという）．
　（E）　三角形は，底辺と底角が与えられれば決定する．
　そのほかにタレスは
　　　　三角形の 1 辺の平行線は，三角形を 2 つの相似三角形にわける

ということも知っていたといわれている．

　ここには三角形のもつ基本的な性質がはっきりと取り出されて述べられている．古代エジプトで，実際に測量をして土地の上にしるされた1つ1つの三角形が，抽象され，「三角形」という言葉の中でその性質を明らかにしたのである．これは学問としての幾何学への最初の視点を与えたものといえるだろう．

　タレスは，棒を垂直に地面に立てて，その影の長さが棒の長さに等しくなるとき，相似三角形の考えを使って，ピラミッドの高さを測り，エジプトの人たちを驚かせたと伝えられている．

　■ タレスの言葉として伝えられているものがあり，その中の次の3つが私には特に印象深い．

　　あらゆる存在者の中で
　　一番速いのは精神，いたるところを駆けるから．
　　いちばん強いのは必然，あらゆるものを統御するから．
　　いちばん賢いものは時間，あらゆるものを明らかにするから．

古代ギリシァの思想家たち

　古代ギリシァの思想家の中で，数学という学問の誕生をもたらした人はもちろんピタゴラスである．

　ピタゴラスは「万物は数である」といった．そこには世界の生成や変転の根源にあるものを探ろうとするイオニアを中心として生まれてきた深い思想があったのかもしれない．

　次講でピタゴラスについて述べる前に，このような思想を述べた古代ギリシァの哲学者たちについてかんたんに述べておこう．

●ミレトス学派

　ミレトス学派は，イオニアの自然学派ともいわれる．

　タレス　　タレスは，大地は水の上に浮かんでおり，そして水はあらゆる事物の原理であると考えた．

　アナクシマンドロス　　ミレトスの人（紀元前611？-518？）．アナクシマン

ドロスは，宇宙生成を神話から切り離し，原初，無差異・未分化の素材があり，それは無秩序に広がっていたとした．やがてこの中に闘争し合う力が生じ，熱いものと冷たいもの，乾いたものと湿ったものの対立の中から，宇宙や生物が創造されてきたとした．

アナクシメネス　ミレトスの人（紀元前585？-528？）．アナクシメネスは，存在するものの根源的な実体は空気であり，その相互への変形は，稀薄化と濃厚化によってなされるとした．

ヘラクレイトス　エフェソス（ミレトスより少し北にある町）の人．生涯についてはほとんど知られていない．火の中に宇宙のさまざまな現象が解明されるのを見た．存在のうちにある，生成の原理を見ていたようである．

デモクリトス　トラキア海沿岸のアブデラの人（紀元前460？-370？）．万物のもとのものは，不生・不滅・不変のアトムであって，これは無限にあるが，その離合，集散によって万物が生成されるとした．原子論の最初の提唱者として知られている．

●エレア学派

このようにいわば生成流転の中に世界の実在を見ようとする自然学派の人とは別に，存在そのものの中に意味を見出そうとするエレア学派とよばれる人たちがいた．

現在のイタリア，ナポリの南方にあったエレアは，紀元前535年頃，イオニアに侵入してきたペルシャ人を逃れた人たちが建設した町である．

クセノパネス　クセノパネスについては，プラトンは，「エレア学派は，クセノパネスやさらにそれ以前に源を発しているが，万物とよばれるものの中に単一のものを見ている」といっている．これはエレア学派の学説の中心をつくるあらゆる事物の単一性，さらに存在そのものの単一と単一性に言及したものである．

パルメニデス（紀元前515頃-450頃）　存在はあり，非存在というものはないことを明確に述べたので有名である．存在はつねに不変であり，部分的に否定されることはない．運動とか，変化とか，生成とかを，存在の中に見ることは拒否されてしまうことになる．真理への道は，生成することのない存在に通じてい

る．

ツェノン（紀元前 489 頃-？）　ツェノンは，パルメニデスの存在論を批判する人たちに対して，それはその意味を十分理解しないで，概念だけで考えているにすぎないのだとして，時間と長さの連続性について有名な「ツェノンの 4 つの逆理」とよばれるものを提起した．

- A）　二分法
- B）　アキレス
- C）　矢
- D）　競走場（スタジオン）

Tea Time

ツェノンの逆理について説明しておこう．

A）　**二分法**　アリストテレスはこれを「移動するものは，目的の地点に達するより前に半分の地点に達しなければならないために，運動してはいない」と説明している．すなわち運動は，つねにある場所に到達してから，目的の地点の半分まで移動しなければならない．そこに到達すれば，また残りの半分まで移動しなければならない．このように無限の反復が必要となり，どこまでも目的地へ近づくが，決して到達することはない．

B）　**アキレス**　これは，足の速いアキレスも少し前に出発した亀を決して追いこすことはできないことをいっている．アキレスが亀のいたところに着いたときは，亀は少し前にいる．このことは無限に反復され，アキレスは亀に決して追いつくことはできない．

C）　**矢**　飛んでいる矢は，静止していることをいう．あるものは静止しているか，運動しているかのどちらかである．矢はある瞬間には，その長さに等しい場所を空間の中に占めて静止している．各瞬間，瞬間に矢は静止しているのだから，矢はいつまでも静止している．

D）　**スタジオン**　いま競技場の中にいくつかの動かない点 A が等間隔に並んでいるとする．同じ間隔で並ぶ点 B が左から右へ進み，同じ間隔で並ぶ点 C が右から左へ同じ速さで進んでいるとする．B が 2A を通過する時間と同じ時

図 11

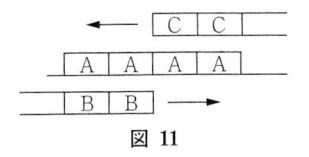

間で，B は 4 C を通過する．したがって 2 は 4 に等しいことになる（図 11）．

第6講

ピタゴラス

> ピタゴラスは，数学という学問のもつ神秘性の中に深く包みこまれた古代の人であり，私たちにはピタゴラスの抱いた壮大な深い思想の全容など窺い知ることはできない．ピタゴラスは「万物は数である」という言葉を残したが，この言葉の中には，数の本性を学ぶことは，自然そのものの中に隠されている調和の謎を知ることであるという思想があったのかもしれない．数を知ることは，世界を知ることになる．数の秘儀とも思われる数の性質を，三角数，四角数，五角数のような形として捉えたり，完全数，友愛数などの特別な数として取り出した．数そのものが学ばれるべきものとなってきたのである．しかしピタゴラス学派は，通約不可能な量 $\sqrt{2}$ を，直角三角形の斜辺の中に見出し，通約可能の中に数の互いの調和を見出そうとした原理に躓いた．

ピタゴラスの生涯

ピタゴラス自身がかき残したものは一切なく，したがってピタゴラスについてかこうとすると，すべて伝承として伝えられたものを参照することになる．伝承はさまざまなピタゴラス像を伝えているが，それにしたがうとピタゴラスの生涯像は次のようになる．

ピタゴラス（紀元前570頃-490頃）は，小アジアのミレトスと向かいあったサモス島に生まれた．ピタゴラスは18歳のとき，タレスのもとで教えをうけた．すでに老齢に達していたが，タレスはピタゴラスを喜んで受け入れ，ピタゴラス

にさまざまな知識を与えた．タレスはピタゴラスにエジプトへ渡り，神官に会うことを勧めた．ピタゴラスはエジプトに行き，そこで天文学と幾何学を学び，また神々の秘儀を授けられた．その後バビロンに行き，神への儀式を学び，さらに数や音楽について学んだ．ミレトスに戻ったピタゴラスは，ミレトスの当時の政治体制を嫌って，そこを去ってイタリア南部のクロトンに移った．クロトンに居を定めたのは紀元前 520 年頃のことであった．

クロトンではのちにピタゴラス教団とよばれるようになった宗教的，政治的な結社をつくった．ピタゴラス教団は，男や女や子供たちの協同体であって，その集団生活は厳密な規律と戒律に縛られたものであった．これはのちの中世ヨーロッパの修道院の原型となるようなものであったといわれている．また秘密の厳守が求められた．そこには多くの学問生と，入門して 2 年から 5 年くらいの修業生がおり，学問生は「ピタゴラスの徒」とよばれていた．

「ピタゴラスの徒」はやがて政治にも関心を示すようになり，クロトンの政治勢力と，人々の反感をかうようになった．大衆の暴動が突発し，ピタゴラス教団は焼打ちにあい，ピタゴラスの徒は虐殺された．ピタゴラスは難を逃れ，クロトンを脱出したが，逃亡の途中殺されたとも，またメタポンティオンという所に逃れ，そこで死んだとも伝えられている．没年は紀元前 490 年頃とされている．

数について

ピタゴラスは，「万物は数である」といって，宇宙を構成する原理を数に求めようとした．この考えのもとになっているものはいまは知ることができない．しかし次のような推測もあるようである．ピタゴラスは天体観測から太陽や月の運行が規則正しい数によって支配されており，星は幾何学的な図形をつくって夜空を回っていることを知っていた．天体が数で支配されていることは，万物もまた数で支配されていることを示しているのではないか．しかしいずれにしても，ピタゴラスが，万物の実在を，数というイデア的な中に求めたことは，何か神秘的な感じがする．

ピタゴラスの数の考えの中には，「数える」ということも，また測るというこ

とも，理念的には含まれていなかったようにみえる．ピタゴラスの数は，1, 2, 3, …とどこまでも同じように並んでいく数ではなかった．1つ1つの数は，1から分かれて，新しい構成要素となっていくような意味をもっていたようである．1は2つに分割されて2を生むのである．そのような考えのため，私たちが現在数を直線上に等間隔に表わすように，ピタゴラスの数は円周上の等分割点として表わしていたのではないかと考えられている（図12）．

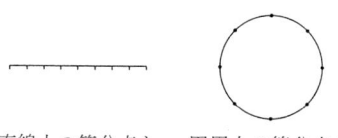

直線上の等分点と　　円周上の等分点と
して表わした8　　　して表わした8
図 12

このような見方に立つと数は図形と関係してくる．実際，図13のような三角数，四角数，五角数，…とよばれる数の列が図を通してつくられてくるのである．

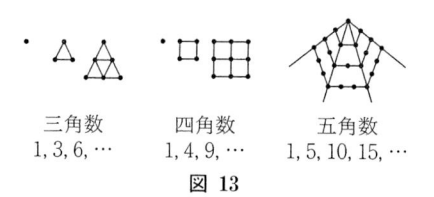

三角数　　　四角数　　　五角数
1, 3, 6, …　1, 4, 9, …　1, 5, 10, 15, …
図 13

一方，ピタゴラスは完全数や友愛数という数を特別な数と考えていた．完全数とは，その数の約数（自分自身を除く）の総和が，自分自身になる数のことである．6と28は完全数である：$6 = 1+2+3$，$28 = 1+2+4+7+14$．また友愛数とは，2つの数があって，一方の約数の総和が互いに他の数となるような数の組をいう．たとえば $(220, 284)$ は友愛数である．ピタゴラスは，私たちには察せられないような神秘的な意味を約数に対してもっていたのかもしれない．しかし，そこから1つ1つの数は，数としての個性をもつという見方が生じてきて，それが数論に向けての最初の一歩をしるしていくことになった．一方ではそれと同時に，ピタゴラスの数学の中からは，バビロニアのような数の普遍的な性質に基づ

く代数的な取扱いは見られなくなってくるのである．

　数学は英語でmathematicsというが，これはギリシァ語の「学ばれるもの」という言葉に由来し，ピタゴラス学派がつくった言葉だといわれている．数そのものが，学ばれる対象となったのである．

ピタゴラスの定理

　ピタゴラスは，数を線分の長さとしても表わした．そうすることで，数は，測られる量と同一視されることになった．図形もまた「万物は数」の中の1つとして見ることができるようになった．

　ピタゴラスの定理は，直角三角形では，直角をはさむ2辺の長さ a, b と，斜辺の長さ c との間に

$$c^2 = a^2 + b^2 \qquad (*)$$

という関係があることを述べたものであり，よく知られている（図14）．また3辺の間にこの関係が成り立てば直角三角形である．

　$a=3$, $b=4$, $c=5$ や，$a=5$, $b=12$, $c=13$ に対しては（*）は成り立つ．このような（*）が成り立つ具体的な数値は，エジプトやバビロニアでも多く知られ，実際，建築や土木作業などで直角をつくるときに用いられた．

　しかしピタゴラスは，たぶん図15のような図を使って，直角三角形では（*）がつねに成り立つことを示したのではないかと推測されている．この証明には，長さと面積の関係が融合しているのがよくわかる．

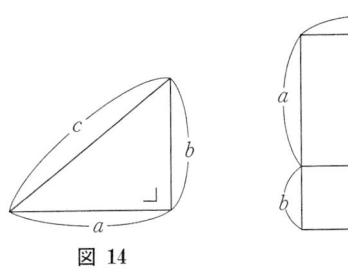

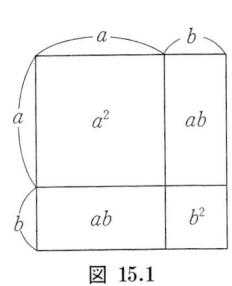

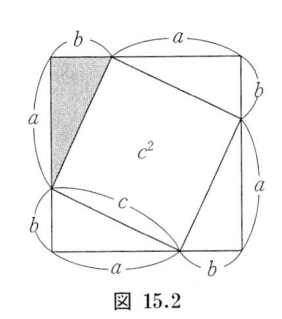

図 14

図 15.1

図 15.2

1辺の長さが $a+b$ の正方形の面積は図15.1から $a^2+2ab+b^2$.
一方これを図15.2のように，内部にある4つの直角三角形と，1辺が c の正方形に分割して面積を測ると，$4×\frac{1}{2}ab+c^2=2ab+c^2$.
したがって $a^2+2ab+b^2=2ab+c^2$. これから $a^2+b^2=c^2$ となる．

比と無理量

2つの量があったとき，その2つの量を測る共通の尺度が求められてくる．

たとえば図16で，OAは，長さ1を3等分した長さ，OBは長さ1を4等分した長さを表わしているが，これらは長さ1を12等分したものを共通の尺度としてとると，それぞれ4と3と表わされる．このときOAとOBは通約可能という．通約可能な2つの量を4:3のように表わし，比というのである．

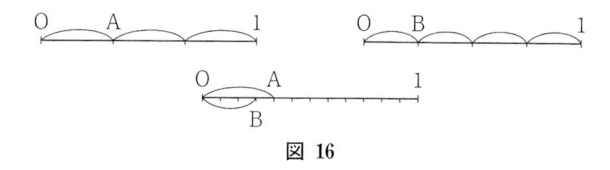

図 16

ピタゴラスの徒は，寝る前に神々への感謝をこめて，リュラ琴に合わせて讃歌を歌ったと伝えられている．ピタゴラス学派では，音楽は魂の浄化のために必要なものであると考えられていたようである．ピタゴラスは，はじめて協和音が弦の長さの比として表わされることを発見した．3つの協和音の比は8度—2:1, 5度—3:2, 4度—4:3である．

ピタゴラスは音楽の調べの中から，音程を通して宇宙の調和の音色を聞いていたのかもしれない．ピタゴラス学派にとって，たぶん通約可能量は，根底にあった深い思想と直接結びついたものに違いない．

無理量の発見

ピタゴラスの定理から，1辺の長さ1の直角2等辺三角形の斜辺の長さ c が $c^2=2$ をみたすこと，すなわち $c=\sqrt{2}$ のことが導かれる．ピタゴラス学派はこの $\sqrt{2}$ が通約不能な量であることを見出した．この発見は，ピタゴラス学派にとって，宇宙の調和は通約可能量によって保たれているという思想の根幹にかかわるような問題をひき起した．そしてこの事実が外部に洩れることを極度におそれたということが伝えられている．

Tea Time

ピタゴラス学派は，クロトンの人たちの焼打ちにあって，多くのピタゴラスの徒は殺されてしまった．しかしこの事件は，数学史の上では大きな意味をもつことになったのかもしれない．

それはピタゴラス学派が，その教義や学問に関して徹底した秘密主義をとり，教えはすべて口頭で伝えられ，文書として残すことはなかったことにあった．したがってその数学もまたピタゴラス学派の内部の閉ざされたものであった．

そのためこの事件が起きなかったら，ピタゴラスの数学も，古代オリエントやインドなどでの多くの数学が現在失われてしまったと同じように，数学史に残るようなことはなかったかもしれない．

しかしこの事件の中で生き残って，クロトンから逃れたピタゴラスの徒は，ギリシァ本土へと四散した．ギリシァはまさに文化の最盛期を迎えようとしていた．この人たちによってピタゴラスの思想は解放され，広められていったようである．ピタゴラスの数学は花開いたのである．歴史の摂理には測りしれないものがあるようにみえる．

第7講
ギリシァ文化と数学

> 　古代の歴史を見ると，2500年前，突然数学という学問がギリシァで生まれ，それが人々に受け入れられ，理論体系として完成された形にまで創られたことは，人類の歴史にとっても奇蹟のように思える．あたかも深い土の中から掘り出された原石が，ギリシァ人によって彫り刻まれ，磨かれ，美しい彫像となって数学という学問の姿を明示したようにみえる．ギリシァでは，数学の実相をイデアの形として見ようとした．私たちはいまはそれを幾何学とよぶが，ギリシァの人たちにとってはそれが数学であったのである．そこにギリシァ文化の特性がある．ギリシァの数学はギリシァの思想にも大きな影響を及ぼしていった．プラトンのアカデメイアの入り口には「幾何学を知らざるものは入るべからず」とかかれていたというが，これは私たちが現在推測よりはるかに深い意味をもっていたのかもしれない．

文化の枠組み

　数学はギリシァにはじまるといわれている．すでに見てきたように，バビロニアでも，エジプトでも，数学とよばれるものはあった．しかしそれはいわば日常の人々の生活の必要性や，社会活動の枠組みの中から生じた数の働きを直接検証して具体的な値を求めることか，あるいは似たような状況でも使えるような，一般的な計算法や測定法を見出すことであった．
　それではギリシァにおいてはじめて数学が誕生したといわれるのは，一体，何を指すのだろうか．そこにはギリシァ文化そのものと深いかかわりがある．

実際，数学を創造する源泉は，各民族のもつ文化の特質の中にある．これから先の講でも述べるように，アラビア文化はアラビア独自の数学を育て，ヨーロッパ文化は，ヨーロッパ独自の数学を育てたのである．

　英国の哲学者カール・ポッパーはこのことについて次のように述べている．

　　各文化は，それなくしては独自の文化として自己を保持することのできない構造的な枠組みを本来もっている．この枠組みは思考，感情，行動についてのいくつかの重要なカテゴリーの構成する内的構造体であって，それがその文化の成員のものの考え方，感じ方，行動の仕方をあらかじめ決定する．

　さらに彼は，一般に文化的枠組みの中に存在する巨大な構造的エネルギーについても次のように述べている．

　　あるひとつの文化的枠組みがそれだけで独立に存在しているときには容易に顕在化しないけれども，ひとたびそれが他の文化的枠組みと激突した場合，突然異常な力で噴出することがある．

　ギリシァの文化は，数学という面だけで見れば，古代オリエントや，エジプトの数学に触れたことで，はっきりとした形をとって，ポッパーの言葉をかりれば「噴出して」きたのである．そしてそれによって数学という学問体系が創られることになった．

ギリシァ文化の特質

　ギリシァ数学では本質的にその対象が「図形の学」幾何学に向けられていた．それはやはりギリシァ文化の根源にかかわっているのである．

　ギリシァ人の明晰な思惟は視覚に依存している．ブルーノ・スネルはギリシァ人を「眼の人」といい，またグンナー・ルトベルクは，プラトンを視覚を重んずる人といっている．実際，理論（テオリア）という言葉も，「観照する」というギリシァ語に由来している．

　高津春繁氏の『古典ギリシァ』（筑摩叢書）の中では，ギリシァの芸術について触れた章で，このことが平明に次のように述べられている．

　　（ギリシァ人には）太陽も月も星も，山にいるもの，森をかけるもの，水

に住むもの，海にひそむもの，すべてその型がきまっている．大小の神格，ニムフなどちゃんと型がきまっていて，その容姿，衣服，属性，性質，行為まで規定されている．人間の自然に対する感情までがちゃんと一定の型にはまっていて，漠然たるものが何もない．人間がそのときどきの心理とか環境に応じて抱くさまざまの自然への感情の表現はギリシャ美術にはなく，詩歌の中にも例外は数多いが，あまり著しく現われない．かくしてギリシャ人はその宗教，その思想さえ最も具体的に眼にうったえる形によって表現せんとしたのである．

アテナイがその守護神としたアテネはペイディアスのアテネ・パルテノスにその最高の表現をみたが，この神像はアテネ女神であると共にアテナイ国家の理想の具現でもあった．アテナイ帝国がこの女神の像によって1つに結ばれたのであって，神像と国家は一体不離である．同じくペイディアスのオリュムピアのゼウス像には大神の何物にも動ぜぬ厳かな中にも和やかな姿にギリシャ世界統一の理念が盛られてあったという．

幾何学の誕生

存在するものの実体を，「見る」ことによって確かめ，そこから認識していこうとするギリシャ人の特性は，数学を，単に「考え，用いる」ものから，「証明する」ものへと変え，そこに数学という学問体系が幾何学を通して創造されることになった．

社会生活を営んでいく上で，さまざまな面で用いられる数の働きは，バビロニア人にとっては便利で有効なものと映ったであろうが，その数は，図形の中に長さとして捉えられていることが明らかになれば，ギリシャ人は，数も図形の中に見ようとすることになるだろう．実際，ギリシャでは代数演算というものはなく，それに代って線分演算というものが行なわれていた．しかしそうすると，数自体のもつ抽象性は，図形の奥にある存在の実体にかかわってくることになる．直線の分割によって現われる数は，2つの端点で示されるが，数の抽象性によって，この点自体も抽象性をもつことになり，点は大きさも幅もないものであるこ

とが求められてくるだろう．同じように，直線は，「幅のない長さ」ということになる．このような点や直線の存在は，私たちが見る場所をイデアの世界へと移して知ることになるだろう．そこでは図形相互の関係は，論理による推論によって確かめていくことになる．図形は，「見る」対象から，「知る」対象へと変わっていくのである．

こうして図形の性質を知る学としての幾何学が誕生した．幾何学は，このようにイデアの世界における実在と深くかかわっており，それはプラトンのイデア論の中で明確に述べられている．

プラトンのイデア論

プラトンのイデア論にしたがえば，幾何学で取扱う点とか直線の実在はイデアの中にあり，私たちが紙に描いているのは実在するものの影にすぎないということになる．

このような考えは，プラトンの『国家』第7章に洞窟の影のたとえを通して述べられている．それは次の文章からはじまる（藤澤令夫訳『国家（下）』岩波文庫）．

> 地下にある洞窟状の住いのなかにいる人間たちを思い描いてもらおう．光明のある方へ向かって，長い奥行きをもった入口が，洞窟の幅いっぱいに開いている．人間たちはこの住いのなかで，子供のときからずっと手足も首も縛(しば)られたままでいるので，そこから動くこともできないし，また前のほうばかり見ていることになって，縛めのために，頭をうしろへめぐらすことはできないのだ．彼らの上方はるかのところに，火が燃えていて，その光が彼らのうしろから照らしている．

このような状況におかれた囚人は，洞窟の中にあるものさえも，火の光で壁に投影された影によってしか見ることはできないだろう．もしあるとき縛めをとかれて，首を廻らして光の方を仰ぎ見るようにといわれても，以前には影だけを見ていた実物は，目がくらんで見定めることはできないだろう．

つまり，視覚を通して現われる領域というのは，囚人の住いに比すべきもの

であり，その住いの中にある火の光は，太陽の機能に比すべきものであると考えてもらうのだ．そして上へ登って行って上方の事物を観ることは，魂が〈思惟によって知られる世界〉へと上昇して行くことであると考えてくれれば，ぼくが言いたいと思っていることだけは，とらえそこなうことはないだろう．

　私たちは，イデアの世界の実在を，洞窟に映された影を通して見ていることになる．この考えによれば，紙の上に私たちがかく点や直線のつくる図形は，影にすぎないのであり，幾何学の対象となるものは，イデアの世界に実在していることになる．

　このあと幾何学について，次のようなことが述べられている．幾何学を学んでいる人たちは，自分たちが学んでいることは，すべて行為であるかのように，「四角形にする」だとか，「(与えられた線上に図形を) 沿えて置く」だとか，「加える」だとかいうが，それはこの学問のあり方とは正反対である．実際には，この学問のすべては，もっぱら「知る」ことを目的として研究されるはずのものである．

Tea Time

　数と量とは，数学の基礎となるものである．数はものを数えるところから，量はものを測るところから生まれてきており，その生まれてきた場所はまったく異なっている．数は，足したり，かけたりする演算が示すように，算術的な働きが中心となっていて，そこには形が現われることはない．したがってピタゴラスが，三角数，四角数など，数の生成に形を見たことは，どこか神秘的な感じがする．しかしここでの形はやはり抽象的なものである．

　一方，量はものの長さや面積や重さを測るときに現われる値で，その意味では1つ1つの値に意味があり，具象的なものであるといえるだろう．

　足し算だけみれば，数も量も，数の取扱いにそう違うことはないようにみえるが，かけ算になると数と量の違いがはっきりしてくる．数の場合は，かけ算は何倍かすることだから，何個の数でもかけられるが，量の場合はかけ算は面積として示されるので，たくさんの量をかける機会はほとんどないといってよい．

数は，$1, 2, 3, \cdots$の1つ1つは個別的で，それぞれがある性質——たとえば素数とか合成数とか——をもっているが，量は，長さを測るときを考えてみても，少し短くしたり，長くしたり，自由にできて，全体としてみれば測るという行為を支えるのは総合的なものだといえるかもしれない．

　数と量の立場からいえば，バビロニアの数学では数が中心であり，エジプトの数学では量が中心であったといえるだろう．ギリシァ数学では，数と量は，すべて幾何学的視点に立って形の中で捉えられ，イデアの世界で1つに結ばれたようにみえる．しかし，量の中にひそむ連続性は，ツェノンの逆理を生んで，謎を残すことになった．

第8講
アテナイと数学者たち

> ギリシャ数学の中心となったのは，アテナイであった．紀元前479年にペルシャを打ち破ってからの50年間は，アテナイではいろいろな場所で人々が集い合い，話し合い，そして議論し合うようになった．数学もたぶんそのような雰囲気に融けこんでいったのであろう．ピタゴラス学派では固く閉ざされていた数学は，アテナイでは開かれた学問となったのである．このような雰囲気の中で，三大難問とよばれるものが登場してきた．この問題は，問われていることは誰にもよくわかることだから，人々の興味を惹きつけたに違いない．しかし解決への道が見えてこないことが，ギリシャ数学に大きな刺激を与えた．この問題は，実は定規とコンパスを使って解答への道を探るギリシャ数学では決して達せられない先にあった．これ以後，この問題に取組む数学者たちは，解決を目指して，ギリシャ数学の限界に向けて進んでいくことになった．

アテナイ

　紀元前479年にペルシャ軍を打破ってから，紀元前431年にペロポネソス戦争が起きるまでの約50年間は，アテナイは黄金時代を迎え，文化の花が一斉に開いた．当時アテナイの人口は大体30万人くらいで，そのうち10万人くらいが奴隷であったといわれている．アテナイ市民の識字率（読み書きの能力のある人の割合）は1割程度だったようである．ギリシャでは口頭のコミュニケーションが尊重され，そのため弁論術や記憶力が重んぜられていた．民会も法廷も市場も，

劇場までも早朝に開かれていた．市場や競技場では，人々が集って，哲学や政治上の話に華を咲かせていた．また哲学者や思想家たちは，このようなところで自分の意見や，著書を朗読して発表していた．人々は一度の朗読を聞いただけで，よく記憶にとどめることができたといわれている．

　このアテナイの黄金時代には，人々はこのように活発な話し合いでコミュニケーションをはかっており，著作によって思想を伝えることはほとんどなかった．この時代の数学の文献がほとんど残されていないのは，そのような事情にもよっているといわれている．

　ペロポネソス戦争で荒廃したアテナイは，紀元前370年頃には再び民主政体を取戻し，ソクラテスの思想の影響を受けた新しいアテナイへと変わっていった．著作活動はこの時代から活発になり，アテナイではあちこちに本屋ができて，本は比較的に手に入りやすい値段で求めることができた．本はパピルスに記された巻物の形でつくられており，貴族の中には奴隷をつかって写本させたり，また蔵書を集める人もいた．しかしこのような本は，そのままの形では，パピルスに耐久性がないため，数百年の間に完全に消失してしまっている．

三 大 難 問

　当時，次の三大難問とよばれるものが数学者の関心を集めていた．
　（1）　1つの円の面積と等しい面積をもつ正方形をつくること（円積問題）．
　（2）　1つの立方体の2倍の体積をもつ立方体をつくること（立方倍積問題）．
　（3）　任意の角を三等分する方法．
　(1)の円積問題には，古くから関心がもたれたようである．イオニアからアテナイにきたアナクサゴラス（紀元前500 ? -428）は，天文学では，月は太陽からの光をうけて輝いているということを最初に述べた人であるとされている．太陽は神ではなく，巨大な赤熱した石であると主張したため，不敬罪に問われ，投獄された．アナクサゴラスは，牢獄の中で，円積問題に没頭していたといわれている．
　(2)の立方倍積問題については，次のような話が伝えられている．スパルタと

のペロポネソス戦争が起きて2年後，アテナイに疫病ペストが広がり，全人口の $\frac{1}{3}$ を失うという事態が生じた．そこでデロス島のアポロンの託宣所に代表団を送って，疫病を防ぐにはどうすればよいかとうかがいを立てたところ，立方体をしていたアポロの祭壇の体積を2倍にせよという神託がおりた．アテナイの人々は祭壇の各寸法を2倍にしたが，体積は8倍になってしまって，疫病はおさまらなかったという．そのため（2）をデロスの問題ともいう．

この三大難問は，現在では定規とコンパスを使う作図だけでは解けないことが知られている．しかしそのことがはっきりとわかったのは，19世紀になってからである．三大難問は，2000年以上も，数学の上を蔽う雲として残されていたのである．

ヒッポクラテス

ヒッポクラテスは，紀元前440年頃活躍したキオスの人である．キオスはエーゲ海東部に浮かぶ島で，古代ギリシァの中でもっとも豊かなポリスといわれていた．彼はもともとは商人であったが，海賊船に出会ってすべてを失ったため，それを起訴するためにアテナイにやってきて，紀元前450年から430年までの間にかなりの期間アテナイにいたようである．このとき円積問題を知り，幾何学に没頭するようになった．

ヒッポクラテスは，「2つの円の面積の比は，その直径の平方の比に等しい[注]」ということを示し，次に「2つの相似な円の弓形の面積の比は，底辺の平方の比に等しい」ことを示したということが伝えられている．

ヒッポクラテスは，このことを使って，たぶん円積問題に関連して，円の弧のつくる月形の図形の面積を求めることを考えた．

図17, 18でABCは半円であり，ABは直径となっている．Cは円弧ABの中点になっており，したがって三角形ABCは直角2等辺三角形である．辺AC上に○をつけてある部分を囲む弧と，相似な弧をAB上にかき，それをAEBとす

注）これはユークリッドの『原論』の第12章に定理として述べられている．

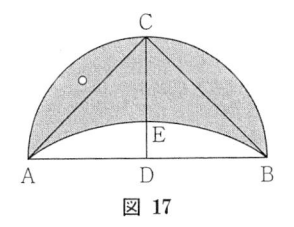

図 17 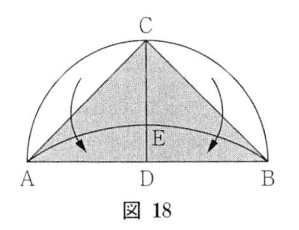　　　　　　図 18

る．直角三角形 ADC にピタゴラスの定理を使うと $2\,\mathrm{AD}^2=\mathrm{AC}^2(=\mathrm{BC}^2)$ となる．ここで相似な月形の面積比は，底辺の相似比の 2 乗となることを使うと，AC 上の円弧三角形の面積と，円弧三角形 AEB の面積の比は，$\mathrm{AC}^2:\mathrm{AB}^2=\mathrm{AC}^2:(2\,\mathrm{AD})^2=\mathrm{AC}^2:2\cdot 2\,\mathrm{AD}^2=1:2$ となる．したがって○をつけてある部分の面積は，AED の面積に等しい．対応して BC 上で弧をつくる面積は BED の面積に等しい．これから網掛け部分の面積は直角二等辺三角形 ABC の面積に等しい．

ヒッポクラテスは，等脚台形 ABCD と関係している図 19 のような網掛け部の月形の面積も求めている．

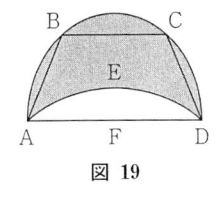

図 19

ここで $\mathrm{AB}=\mathrm{BC}=\mathrm{CD}$ で，$\mathrm{AB}^2+\mathrm{BC}^2+\mathrm{CD}^2=\mathrm{AD}^2$ となっているとする（幾何学的にいえば，AB，BC，CD をそれぞれ 1 辺とする正方形の面積の和が，AD を 1 辺とする正方形の面積に等しくなっている）．このとき網を掛けてある月形の部分の面積は，等脚台形 ABCD の面積に等しくなっていることを示したのである．

ヒッポクラテスは，円積問題に示唆されて，このような月形の面積を求めたのだろうが，このような考えが，直接円積問題につながると思っていたかどうかはわからない．しかし，数学史上はじめて曲線で囲まれた図形の面積を求めたことは，当時の人たちを驚かしたに違いない．

ヒッポクラテスは，立方倍積問題についても注目すべきことを示している．

ヒッポクラテスは，4 つの数 a, x, y, b の間に

という比例の関係があれば
$$a:x=x:y=y:b \quad (*)$$
$$a^3:x^3=a:b$$
が成り立つことを見出した．したがって（*）でたとえば $a=1$, $b=2$ としたとき
$$1:x=x:y=y:2a$$
をみたす x と y がわかれば，
$$1:x^3=1:2$$
となり，この x を1辺の長さとする立方体をつくれば，体積が1の立方体の2倍の体積をもつ立方体がつくられることになる．

立方倍積の問題は，a, b が与えられたとき，線分上で（*）をみたすような長さ x, y を見出すことになり，それはギリシァの数学者たちに新しい見方を与えたのではないかと思われる．

Tea Time

ここではギリシァでの数の表わし方を述べておこう．

古いギリシァではアテナイを中心とするアッティカ地方でアッティカ方式とよばれる次のような数表記が使われていた．1から4までは I を並べて表わし，5は Γ，10 は Δ，50 は F，100 は H で表わした．したがって図20のように表わされる．

I	II	III	IIII	Γ	ΓI	ΓII	ΓIII	ΓIIII
1	2	3	4	5	6	7	8	9

Δ	ΔΔ	ΔΔΔ	ΔΔΔΔ	F
10	20	30	40	50

FΔ	FΔΔ	FΔΔΔ	FΔΔΔΔ	H
60	70	80	90	100

図 20

この表わし方は，ローマ数字の表わし方とよく似ている．

ギリシァ文字は，紀元前8世紀頃にフェニキア文字から考案されたもので，は

じめはフェニキアに近いイオニアで使われていたが，しだいにギリシャ本土に伝わって，紀元前 5 世紀頃にはアテナイの正式な文字になったといわれている．アテナイでは，数の計算はもっぱら算盤（アバクス）が使われていた．

ギリシャ後期には，数字の表記にギリシャ字をあてはめて，図 21 のように表わした．

α	β	γ	δ	ε	ς	ζ	η	θ
1	2	3	4	5	6	7	8	9
ι	κ	λ	μ	ν	ξ	o	π	ϙ
10	20	30	40	50	60	70	80	90
ρ	∂	τ	υ	φ	χ	ψ	ω	ϡ
100	200	300	400	500	600	700	800	900

図 21

ここで 6 と 90 と 900 を表わすのに見なれない文字 ς，ϙ，ϡ が使われているが，これは古代のギリシャの字母である．ギリシャ文字の字母が 24 しかなく，999 までかくのに必要な 27 に達しなかったので，このような表わし方になったのである．なお，1000，2000，3000 は $'\alpha$，$'\beta$，$'\gamma$ のように表わされ，10000，20000 は $\overset{\alpha}{M}$，$\overset{\beta}{M}$ のように表わされた．

第9講
ギリシァの数学者たち

> 三大難問は，ギリシァの数学者たちに，いろいろな方向へ数学の可能性を探らせる動機を与えることになった．アンティポンは，円積問題は円が多角形ならば可能と考えて，円を内接正多角形で近似していくことを考えた．ここではじめて近似の考えが登場した．アルキュタスは，立方体積問題は，$a:x=x:y=y:b$ をみたす x, y を求めることであるとし，いくつかの立体の交わりとしてこのような x, y を作図した．この立体の中には内径 0 の円環面も含まれている．同じ x, y を求めるのに，メナイクモスは，円錐曲線を用い，放物線と双曲線の交点として，このような x, y が見つけられることを示した．ヒッピアスは，角の三等分を求めるのに円積曲線を考えた．この曲線はいまでいうと座標平面上の点の運動として描かれるが，この曲線は代数式としては表わされない超越曲線である．

　ギリシァ数学では，その集大成されたものとして，ユークリッドの『原論』が有名である．それについては次講以下で述べるが，ギリシァの数学者たちが，のびのびと自由に数学の考えを育て多彩な数学を展開したようすは，『原論』だけでは示しきれていないように思われる．実際，数学の内部から三大難問のような形で，その学問の深奥を窺わせるような問題が提起されてきたことは，バビロニアやエジプトにはなかったことである．数学は，未解決の問題の解決を目指すことによって育っていく学問であることを，ギリシァ数学ははじめて示したのである．
　ここでは，三大難問をめぐる何人かの数学者の群像をかいてみることにする．

アンティポン

　ヒッポクラテスと同じ頃，アテナイでソフィストとして生活していたアンティポンは，円積問題について，不完全な表現ではあったが，「とりつくしの方法」を導入した．アンティポンは，円に内接する正方形（正三角形ともいわれている）からはじめて，その辺によって切り取られる円弧の中点を，辺の両端の点と結び，2等辺三角形をつくった．この操作をくり返していけば，円に内接する正方形，正8角形，正16角形，…が得られることになるが「こうしていけば円の面積は使いつくされ，その1辺の長さが最小となって円周に内接する正多角形を得るであろう」と考えた．そして正多角形ならば正方形に直せると考えたようである．このアンティポンの考えは，量は無限に分割し続けることができるということを示していたが，ギリシァでは「無限畏怖」の思想があり，無限概念を包みこんでいるような考えは容認されることはなかった．しかしアンティポンの考えの中では，アルキメデスの「とりつくし法」につながる積分概念の萌芽を含んでおり，やはり注目されるべきものである．

　アルキメデスは，このアンティポンの方法で，正96角形まで作図して，円周率 π の値の下限として $3\frac{10}{71}(=3.14084\cdots)$ を示した．

　ヒースは『ギリシァ数学史』（共立出版）の中で，「（アンティポンは）その手順を十分なだけ続けていけば，のこされた図形全体は，任意の指定された面積よりも小さくなるであろうという，もっと慎重ないい方をすればよかった」といっている．

アルキュタス

　ピタゴラスの後継者で，プラトンの友人であったアルキュタスはタラス（イタリア半島のギリシァの植民地）の人で，紀元前400年から365年頃にかけて活躍した．アルキュタスはタラスの政治家でもあり，また将軍となって軍隊を指揮し

た．

アルキュタスは，算術，幾何学，球面（すなわち天文学），音楽の4つを数学的科学として体系づけた．

アルキュタスは，立方倍積問題に取り組んだが，この問題は $a:x=x:y=y:b$ をみたす x, y を求めることに帰着するので，立体図形をつかって x, y を見つけようとした．そして円柱面や直円錐や，内径0の円環面の交わりとして，この x, y を作図した．これはかなり複雑な考察を必要とするものである[注]．

アルキュタスは，木製の飛ぶ機械じかけの鳩をつくったり，また機械についての著作もあるようで，立体図形を考えた背景には，そのようなこともあったのかもしれない．

メナイクモス

アルキュタスより少しあとのメナイクモスは，直円錐をその母線に垂直な平面で切ると，円錐の頂角が鋭角か，直角か鈍角かによって，異なる3種の曲線——楕円，放物線，双曲線が現われることを見出した（図22）．そして立方倍積の問題 $a:x=x:y=y:b$ を，放物線 $y=\dfrac{1}{a}x^2$，と双曲線 $xy=ab$ の交点として求められることを示した．

円錐曲線はアポロニウスによって詳しく調べられたが，メナイクモスは，円錐曲線の発見者として知られている．

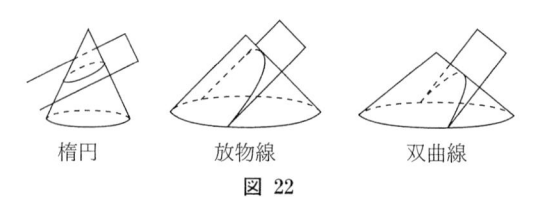

楕円　　　放物線　　　双曲線
図 22

注）　このことに興味のある人は前掲のヒース『ギリシァ数学史』127〜128頁を参照されたい．

ヒッピアス

　ヒッピアスは，ペロポネソス半島の西に位置するエリスの人で，紀元前460年頃に生まれたらしい．ヒッピアスは円積問題を考えるのに，曲線を使うことを考えた（円積問題は，円周率 π に等しい長さを直線から切り取る問題となる．この長さの平方根は作図で求められるから，それを1辺とする正方形をかくとよい）．

　ヒッピアスの円積線とよばれる曲線は次のようなものである．かんたんのため1辺の長さを1の正方形 OACB からはじめることにする．O を中心とする四分円 AB の円弧上を B から A へ向けて一様な速さで回転していく動点 Q を考える．同じ割合の速さで辺 BC は，辺 OA へ向かって下りていくとする．BC が B′C′ まで下りたとき，円弧上の点は Q にあったとして，半径 OQ と B′C′ との交点を P とする．円弧上の動点 Q が B から A まで動くとき，点 P の描く曲線を円積線というのである（図23）．

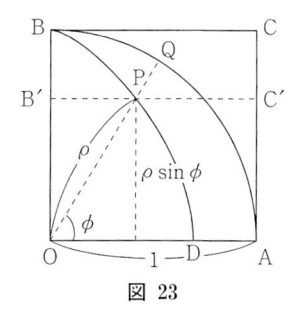

図 23

　■ $\angle \mathrm{AOQ}$ を ϕ（ラジアン）とし，OP の長さを ρ とすると $\widehat{\mathrm{AB}} : \widehat{\mathrm{AQ}} = \mathrm{OB} : \rho \sin \phi$，$\widehat{\mathrm{AB}} = \dfrac{\pi}{2}$，$\mathrm{AQ} = \phi$，$\mathrm{OB} = 1$ から円積線は，極座標を使って $\rho \sin \phi = \dfrac{1}{\pi} 2\phi$ と表わされる．ϕ を 0 に近づけると，$\mathrm{OD} = \dfrac{2}{\pi}$ のことがわかる．したがって弧 AB の長さは $\dfrac{1}{\mathrm{OD}}$ となる．

　この円積線を使えば，角の三等分線もすぐに求められる．それには次のようにする．$\angle \mathrm{SOT}$ が与えられているとする．このとき OT と円積線の交点を P とし，P から OS へ垂線 PQ を下ろす．PQ を 3 等分する点をとり，これと同じ高さにある円積線の点と O とを結ぶと，$\angle \mathrm{SOT}$ の 3 等分となる（図24）．

図 24

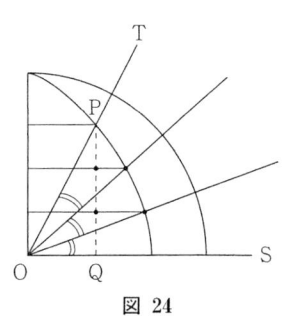

　この円積線は，現在のように座標平面上に x と y の式として表わすと，x と y についての代数的な式としては表わされず，超越曲線とよばれるものになる．ギリシァの人たちは，点を十分細かくとり，それを結んで円積曲線をかけば，それで角の三等分ができると考えたのだろうか．このようなことについては，時をはるかに隔てた遠い昔のことであり，憶測することさえできないのである．

Tea Time

　ギリシァでは，無限概念を受け入れない「無限畏怖」とよばれる強い志向があった．ギリシァ人のように形を通して考え，認識することを好む人たちは，形の中にある実在をイデアの中で捉え，そこで「見ることは知ることである」という思想を明確にしようとした．プラトンの『テアイテトス』の中には，視覚によって見たものだけが幾何学の対象であるとすれば，記憶によって図形を想起して「知る」とはどういうことか，というソクラテスの問いかけがある．イデアの中の実在は，形そのもののもつ実在であり，そこには無限概念が入ることはなかった．エレア学派のツェノンの逆理の提示は，運動や連続性についての考えも受け入れ難い気持にしたと思われる．

　私たちは，いま身の回りに毎日起きていることをふり返ってみると，静止しているものより，動いているものの方に関心をもつような生活を送っている．そのことを思うと，いま私たちが古代ギリシァの静謐の中に育まれた思想を探ることは，いかに難しいかを感ずる．それでも三大難問を解くために，ギリシァの人たちは，定規とコンパスで描かれた図形を越えて，連続曲線まで導入してその枠を

越えてしまった．円積線の構成には確かに点の運動が含まれている．数学の問題を解こうとする意識の集中は，数学者を遠い所まで運んでいったのである．

第 10 講

『原論』の成立

> ユークリッドの『原論』の成立は数学史上驚くべき出来事であった．『原論』は，定義，公準，共通概念，命題，証明という形で，ギリシァ幾何学の全容を 13 巻の大著によって明らかにした．長い間，人々は『原論』を仰ぎ見て，ここに数学があり，学問の典型が示されていると感じてきた．プラトンの著作では，ソクラテスとの対話を通して，哲学が語られたが，『原論』には人影は一切ない．ここに展開しているのは，厳密な論理体系であり，数学という学問の姿である．このような形で数学が提示されたのは，対象が幾何学であったからであり，イデアの世界に光が向けられていたからである．後世に現われた代数や解析などの分野では，『原論』に相当するような本は見当らない．ピタゴラス以来，僅か 200 年の間に学問はここまで成熟したのである．ここにギリシァ文化の高みとかがやきを見ることができる．

『原論』の誕生

　ユークリッドの『原論』は，聖書に次いで，これほど多くの世界に行きわたり研究された本は，ほかにないといわれている．『原論』によって，数学の論理的な枠組みが，定義，公理，命題，証明という形で定まったのである．また『原論』の表現形式は，演繹体系としての数学の体系化とはどのようなものかを，はっきりと示すことになった．

　『原論』が著わされてから現在に至るまでの 2300 年間，この 1 冊の本が数学の上を大きく蔽い続けてきたことは驚きである．1930 年代から 1950 年代まで，現

代数学に指導的役割を果たしたブルバキ（フランスの数学者のつくったグループの名前）は，「構造」という理念に立って数学全体を見直そうとし，『数学原論』というシリーズを刊行したが，これは明らかにユークリッドの『原論』を意識したものであった．ここには

　　ギリシァ以来，数学を語るものは証明を語る．
という言葉が最初に載せられている．

　ユークリッドという人については，プトレマイオス一世の頃（紀元前306-283）に生存していたということ以外にははっきりしたことは知られていない．プラトンの弟子たちとアテナイで一緒に学んだとも，またアレクサンドリアに招かれたとも伝えられている．穏和で謙遜な人柄の人だったようである．

　ユークリッドは，『原論』以外に，光学，天文学，音楽，力学，円錐曲線など，さまざまな分野に及ぶ12冊の専門書を著わしている．このうち現在まで残っているのは『原論』，『図形分割論』，『天文現象論』，『光学』の4冊である．失われてしまったものの中には，『誤謬推理論』，『曲面軌跡論』，『円錐曲線論』などが含まれている．

　『原論』は13巻からなる大著で，日本語訳（『ユークリッド原論』中村幸四郎ほか訳・解説，共立出版）で500頁を越すものとなっている．

『原論』とギリシァ数学

　『原論』のような大きな本を，現在でも世に出すということは大変なことである．ユークリッドはどれくらいの歳月をかけてこの『原論』を完成させたのだろうか．そこには何人かの協力者がいたのだろうか．

　『原論』の成立については，たぶんプラトン以前からはじめられた数学の概説書を著わす仕事が，何度も何度もかきかえられて進められていて，それが最後にユークリッドにより総括され完成されたものであろうと考えられている．

　『原論』の内容については次の第11，第12講で概観することにするが，『原論』がギリシァ数学の総合であったことをここで少し述べておこう．

　『原論』の第1巻と第2巻の内容は大体ピタゴラス学派によるものと考えられ

ている．ヒポクラテスは，『原論』第1巻に相当する部分を最初に編集したといわれている．第3巻，第4巻は円の幾何学を扱っているが，これもヒポクラテスからの引用であろうとされている．第5巻の比例論はエウドクソスによる．第10巻は無理量を扱っているが，これはテアイテトスに負っているところが大きい．また第13巻にかかれている5つの正多面体――立方体，正四面体，正八面体，正十二面体，正二十面体――については，立方体，正四面体，正十二面体はピタゴラス学派によるとされているが，これらの正多面体の理論的な作図と，外接球との関係は，テアイテトスの研究によるもののようである．

プラトン

プラトン（紀元前427-347）は，紀元前385年頃，アテナイ郊外に，アカデメイアとよばれる学園をつくった（アカデメイアという名前はこの学園が半神アカデモスの神域にあったことによっている）．プラトンはここに多くの青年を集め，師ソクラテスの思想にしたがって理想の政治の実現を目指そうとしたが，それは結局挫折してしまった．プラトンの理念とした哲学は，ソクラテスとの対話の形をとった多くの著作によって，後世に伝えられることになった．

アカデメイアでは主に数学が学ばれた．この学園の入口の上には「幾何学を知らざる者，ここに入るべからず」と刻まれてあった．プラトン自身が数学に直接貢献したというより，むしろ数学の理念や学問としての意味を明確にすることにより，数学，特に幾何学を，『原論』に見られるような総合的な学問体系として育てることに大きな力となったのである．アカデメイアには，ギリシャ各地から多くの数学者がやってきた．その中には，ギリシャ最高の数学者であるといわれたエウドクソスもいた．

『原論』第1巻は定義からはじまるが，その最初の定義「点は部分のないもの」「線は幅のない長さ」は，プラトンのアカデメイアからはじまったようである．この定義には，点とか線のイデア的実在をどのように数学的に捉えたらよいのかということがかかわっていたように思われる．

テアイテトス

　アカデメイアの中での数学の議論がどのように繰り広げられていったかについては知ることはできないが，プラトンの著作『テアイテトス』の中のソクラテスとテアイテトスの問答の中から，その一端を少しはうかがうことができるようなので『テアイテトス』（田中美知太郎訳，岩波文庫）の中から，少し長いがその部分を引用させて頂くことにしよう．

　ソクラテス　ほう，それは一体どんなふうのものだったね，テアイテトス．

　テアイテトス　それは〔ある種の〕平方根について，すなわち三平方尺の正方形や五平方尺の正方形などの辺に当るもの（すなわち $\sqrt{3}$ と $\sqrt{5}$ など）について，私たちのためにこのテオドロスさんは図形のあるものを描きながら，それは長さのままで計ると一平方尺の正方形の辺（すなわち $\sqrt{1}$ またはすなわち 1）とは同じ単位の尺度では計りきれない（すなわちこの場合は通約することの出来ない）ものであるということを明らかにされて行って，そして十七平方尺の正方形の辺（すなわち $\sqrt{17}$）までをおのおの一つ一つ取り出してそういうふうにしてくだすったのですが，それまで来て，どうということはありませんでしたが，それを止められたのでした．そこで私たちの間には何かこんなふうな考えが浮かんで来たのです．それはこの種の（いまは正方形の辺として示されたところの）平方根というものは無限に多くあるものだということが明らかなのですからして，これを一つに総括することを試みようという考えなのです．つまりこの種の平方根をわれわれが全部その言い方で呼べるようになるものを見出そうとする試みなのです．

　ソクラテス　そして，どうだね，何かそんなようなものを君たちは見つけたのかね．

　テアイテトス　ええ，見つけたように私は思われるのですが，しかし，まあ，あなたにも見ていただきましょう．

　ソクラテス　言ってみたまえ．

　テアイテトス　数を全体として私たちは二つに分けました．その一つ

は，等しいものの掛け合わせとなることが出来る（例えば$4=2\times2$のような）もので，図形でいえば正方形に比すべきものであるとしまして，これを私たちは正方形数とか等辺数などという名前で呼ぶことにしました．

ソクラテス　うん，それはまたうまい呼び方だ．

テアイテトス　次はその（4と9，9と16などの）中間にはさまれている数で，そのうちには3もありますし，また5もあります．つまり等しいものの掛け合わせとなることが出来ずに，あるいは大きい数に小さい数を掛けたものとなり，あるいは小さい数に大きい数を掛けたものとなるだけのものはすべてそうなのでして，〔図形の上では〕これを囲む辺は常に一方が大きくて，他方が小さくなるようなものなのですから，これを別にまた私たちは長方形に比すべきものとして，長方形数と名づけました．

ソクラテス　うん，それは大へん美事だ．が，とにかくまあ，その後をどうしたのか聞かせてくれたまえ．

テアイテトス　その平方が平面を囲む等辺数となる限りの線分は，これを「長さのままで通用出来るもの」と定め，またその平方が不等辺数となる限りの線分（つまり$\sqrt{2}$，$\sqrt{3}$，$\sqrt{5}$などの長さの線分）は，長さのままでは前者の線分との通約（すなわち共通の単位によって計りきれること）が出来ないけれども，それの平方によって得られる平面をもってすればその通約が出来るという意味で，これを「特に平方根としてのみ用いられるもの」（つねに何らかの正方形の辺という形でだけ考えられるもの，いわゆる不尽根）と定めました．そして立方体についても別にまたこれと同様のことが言われるわけです．

Tea Time

ピタゴラス学派のような，1つの思想に共鳴して集まった人々のつくる閉じた集団のようなものは，あるいは古代オリエントにもあったのかもしれない．しかし古代からイオニアへと引き継がれたものを，数の理念のもとで総括し，明確なものとすることによって得られたピタゴラスのもつ思想の深さと広がりは，ギリシャ数学を生む原動力となった．一方，アテナイにつくられたプラトンのアカデ

メイアは，ピタゴラス学派と違って学ぼうとするものは誰でも受け容れる開いた集団であった．

　この閉じた集団と，開いた集団のそれぞれのあり方は，古代ギリシァの文化が形成されていく姿を示しているようにみえる．もしピタゴラスひとり，プラトンひとりであったら，ギリシァ文化はこれほど大きく花開いたであろうか．

　ふり返って現代社会を見ると，溢れるような情報は開いた社会をつくっているともいえるが，すべての人が情報を共有する画一的な閉じた社会を形成しつつあるようにもみえる．情報と知とは違うのである．若い人も大人も自由に一堂に集って，活発に話し合い，問い正して知を磨いていくプラトンのアカデメイアのような開かれた場所が，現在社会の中にもあったらどんなによいだろうと，最近は思っている．

第11講
『原論』第1巻

> 『原論』第1巻は,「点は部分のないものである」「線は幅のない長さである」のような定義からはじまっている.たぶんそれまでのギリシァ数学の中では,点や線の定義をはっきり述べるようなことはなかったのではないかと思われる.ここにはアリストテレスの影響をみることができるが,『原論』を著わすにあたって,このような定義を明確にすることにユークリッドはどれほどの時間を要したのかを思ってみる.この時間の中で『原論』の構成がしだいに決まってきたのかもしれない.23番目の定義は,「どこまでいっても交わらない2直線を平行という」であるが,この定義だけでは幾何学は組み立てられないということは,どのようにして直覚したのだろうか.これに応えるために平行線の公理とよばれる第5公準が述べられている.第5公準は,『原論』第1巻のほかの定義と公準とくらべ,どこか別の色合いがあり,そのことは早くから注目されていた.ここに「隠れた人」ユークリッドの姿がわずかに垣間見えるように私は感じている.

原論——ストイケイア

『原論』は,ギリシァ語の原語では『ストイケイア』とよばれている.「ストイケイア」はアルファベットの字母を意味するストイケイオンの複数形で,一般のものがそれから成り立つ「要素」を意味している.

これについて,5世紀のプロクロス（新プラトン学派の哲学者）は次のようにいっている.

ちょうど文字の発音に，われわれが「ストイケイア」の名でよんでいる，もっとも単純で不分割な第1原理（字母）があり，すべての単語や言葉がそれから成り立っているように，すべての幾何学には，いくらかの指導的な定理があり，それから導き出されるものに対して原理という関係をもち，すべてにゆきわたって多くの個々の場合を証明する．そのためにそれら（の定理）を「ストイケイア」とよぶのである．

定　　義

『原論』第1巻は，23の定義と，5つの公準と，9つの共通概念からはじまる．23の定義のうち，最初の9つは次のように述べられている．
1. 点は部分のないものである．
2. 線は幅のない長さである．
3. 線の端は点である．
4. 直なる線は，その上に対して一様に横たわる線である．
5. 面は長さと幅だけをもつものである．
6. 面の端は線である．
7. 平らな面は，その上の直線に対して一様に横たわる面である．
8. 平面上の角とは，1つの平面上の2つの線のなす傾きである．ただし，それらの線は，互いに交わり，一方が他にまっすぐにつながってはいないものとする．
9. それらの線が直線であるときは，その角は直線角であるという．

定義とは，私たちの考えではそれによって対象が明確に規定されるものだが，定義1，2を見ただけでは，点や線とはどのようなものか，またこのようなものがあるかないかもわからない．ユークリッドが，幾何学を論証の学として明確に体系づけようとして，『原論』をかくにあたっては，アリストテレスの哲学の影響を強く受けていたのだろう．アリストテレスによれば，定義というものは，そのものが存在するかどうかについては何も語らない，ただ理解されることだけを要求するものなのである．

定義2の「線」は，定義4を見ると一般に曲線も含んでいると考えられる．したがってまた定義8の角の定義は2つの曲線が交わってつくる角も含まれているようであり，それは定義9で，2直線のつくる角について改めて述べられていることからわかる．実際は，『原論』では定規とコンパスで作図できる図形だけが取扱われており，したがって『原論』で曲線として現われるのは円だけである．ここは私の想像にすぎないのだが，幾何学は紙の上にかかれた図形だけではなく，太陽や月や星の天体の運行にもかかわっていたのだから，2曲線のつくる角も十分理解できるものだったのかもしれない．

最後の23番目の定義は，次の平行線の定義である．

23. 同じ平面上にあって，どちらへどこまで延ばしても，どちらでも交らない直線は平行である．

公　　準

定義に続いて，5つの公準がある．

1. 次のことを要請しよう．任意の点から任意の点まで直なる線が引けること．
2. また，限られた直線をそれに続いてまっすぐに延長できること．
3. また，任意の中心と距離をもった円をかくことができること．
4. また，すべての直角は互いに等しいこと．
5. また，1つの直線が2つの直線と交わり，その一方の側にできる2つの角を合わせて2直角より小さくなるときは，それらの2つの直線をどこまでも延長すれば，合わせて2直角より小さい角のできる側で交わること．

第5公準

上に述べた5番目の公準は，「平行線の公理」ともよばれ，有名である．
この公準はいい直すと，定義23で述べられている平行な2直線では，図25で

共 通 概 念

$\alpha+\beta<180°$

図 25

$\alpha+\beta=180°$ になることをいっている．あるいは同じことであるが，

　　　　平行な2直線では錯角 α と γ は等しい　　　　　　（＊）

ということをいっている．

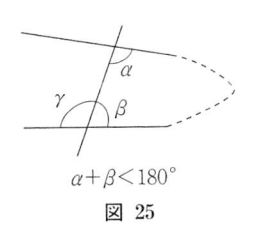

　このように表わしてみると，第5公準が原論で基本的な場所にあることがよくわかる．実際，私たちがよく知っている三角形の内角の和が2直角に等しいということも，（＊）によっているのである（図26）．

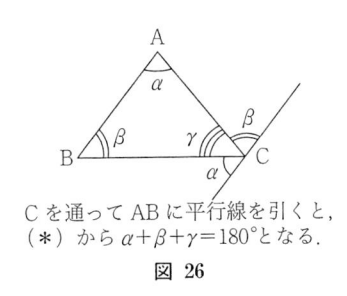

Cを通ってABに平行線を引くと，
（＊）から $\alpha+\beta+\gamma=180°$ となる．

図 26

　第5公準はほかの公準にくらべると何かぎこちなく不自然に見えるため，古代から長い間注目され，これは証明できることではないかとも考えられてきた．しかし19世紀になって，ロバチェフスキとボリヤイにより，第5公準は成り立たないが，ほかのすべてのことが成り立つ，まったく別の幾何学があることが示された．それは非ユークリッド幾何学とよばれている．この幾何学では三角形の内角の和は，180°より小さくなる．

共 通 概 念

　定義，公準に続いて，次のような共通概念が9つ載せられている．ユークリッ

ドが共通概念といったのは，すべての学問の共通概念であることを指している．その最初の3つは次のようである．

1. 同じものに等しいいくつかのものは，互いにも等しい．
2. また，等しいものに等しいものを加えれば，全体は等しい．
3. また，等しいものから等しいものをとり去れば，残りは等しい．

命　　題

このあと，48個の命題とその証明が述べられている．ここでは主に，三角形とその作図や，三角形の辺と角との相互の関係が調べられ，3つの合同定理も述べられている．命題32では，三角形の内角の和は2直角に等しいことを示している．次に三角形，平行四辺形，正方形の面積に関することを扱っており，最後の命題47，48では直角三角形についてのピタゴラスの定理と，その逆が成り立つことを示している．

Tea Time

アリストテレス（紀元前384-322）のことについて少し述べておこう．

プラトンの名声にひかれて，アリストテレスは，18歳のとき，アカデメイアの学生になるためギリシァ北部の故郷からアテナイにやってきた．プラトンは60歳であった．その後プラトンが亡くなるまでの20年間，アカデメイアにとどまった．プラトンが亡くなってから，マケドニアに招かれ，アレクサンダー大王の教育にあたった．紀元前355年に再びアテナイに戻り，リュケイオンに学園を創り，子弟の教育と研究にあたった．

アリストテレスは，プラトンに並ぶギリシァ最高の哲学者である．アリストテレスは，プラトンのように魂の世界に目を向けるより，事物の実体性の中にその根元を求めようとして，論証科学と知識の総合性に立つ哲学を創った．アリストテレスにしたがえば，定義によって決められる特性の事物について，この事物の中に含まれるものを，理性が直観し，それを三段論法によって論証していくのが

論証科学である．アリストテレスは，生物学に向けての研究にも携わり，観察に基づく自然科学の先駆者ともなったのである．

『原論』の著わし方は，プラトンの対話を主とした著作とは対照的である．定義，公準から出発して，論証という形で数学という学問を構築していく中に，アリストテレスの影響を見ることができる．『原論』は，ギリシァ数学の到達した頂きを示している．

第12講
『原論』の構成

> 『原論』では，現在私たちが「平面幾何」として習うような幾何の問題だけが取扱われていると思いがちだが，実際は，『原論』には2次方程式の解法も載せられている．しかしギリシァでは数は量と同一視され，したがって数は線分の長さとして表わされていた．したがって代数演算ではなく線分演算によって結果を導いていくことになる．数そのものについては，第7巻，第8巻，第9巻に載せられていて，数論の結果が述べられているが，ユークリッドの互除法などもすべて線分演算によって示されている．『原論』の中できわ立っているのは第5巻の比の理論である．通約不能な量が現われてから2つの量の比をどのように考えるかは問題となっていた．ここにはエウドクソスによる驚くべき比の理論が展開している．エウドクソスはギリシァ最高の数学者であったといわれているが，彼の著作はすべて失われてしまった．最後の第13巻では5種類の正多面体についての性質が論じられている．

第2巻，第3巻，第4巻

『原論』の第2巻は，「長方形は，直角をつくる2つの直線によって含まれている」という言葉の定義からはじまる．このいい方で，直角をつくる2辺の長さが a, b であるとき，長方形の面積が a と b の積 ab であることをいい表している．そして図形を使う線分演算によってたとえば次のような等式を導いている（図27）．

$$l(a+b+c) = la + lb + lc$$

$$(a+b)^2 = a^2+b^2+2ab$$

(Ⅰ) $l(a+b+c) = la+lb+lc$

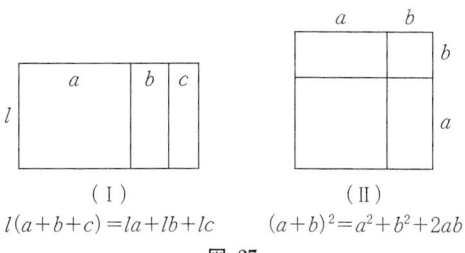

(Ⅱ) $(a+b)^2 = a^2+b^2+2ab$

図 27

さらに

$$(2a+b)b + a^2 = (a+b)^2$$

などの等式を示し，

その上で2次方程式

$$ax - x^2 = b^2, \qquad ax + x^2 = b^2$$

の解き方も幾何学的に与えられている．これらはバビロニアの数学で代数的に知られていたことを，図形を用いて幾何学的な観点から示したことになっている．

前にも述べたように，この第2巻の内容は大体ピタゴラス学派によるものとされているが，最後から2番目の命題で，ピタゴラスの定理の一般化——現在では余弦定理として知られている——を次の形で与えている．

ΑΒΓ を B における鋭角をもつ鋭角三角形とし，点 A から BΓ に垂線 AΔ がひかれたとせよ．AΓ 上の正方形は ΓB，BA 上の正方形の和より ΓB，BΔ に囲まれた長方形の2倍だけ小さいと主張する

第3巻，第4巻では円の幾何学が論じられている．第4巻では，三角形，正方形，正五角形，正六角形，正十五角形を円に内接，外接させる問題に触れている．

第5巻，第6巻

第5巻，第6巻では比の理論が展開されている．

ギリシャでは，考える数は自然数だけであり，分数という考えはなかった．数

と量とは異なるものであり，量は測られるものとして，幾何学の図形を調べるときには，量の関係がつねに問題となった．量を2倍，3倍にすることはできるから，数 m と量 a との間に，「かけ算」ma を考えることはできた．また2つの量 a, b を「つなぐ」ことにより，足された量 $a+b$ を考えることもできた．

2つの量 a, b に対して，ある量 c があって，$a=mc$, $b=nc$ と表わされるとき，a と b は通約可能といった．このとき c を基準として測れば，量 a, b の大小関係は，数 m, n の大小関係として表わされる．長さの比 $a:b$ は，数の比 $m:n$ として定義することができる．しかし1辺が1の対角線の長さ $\sqrt{2}$ が，1と通約可能でないことがわかると，このような通約不可能な2つの量に対して，比とは何かということが問題となった．

第5巻では，これに対するエウドクソスの驚くべき定義と，そこから導かれる比の性質を述べている．

量 a, b, c, d に対して
$$a:b=c:d$$
とは，任意の正数 m, n に対して
$$ma>nb \implies mc>nd$$
$$ma=nb \implies mc=nd$$
$$ma<nb \implies mc<nd$$
が成り立つことであると定義する．

また $a:b>c:d$ を，$ma>nb$ であるが，$mc\leqq nd$ のときと定義する．

ここから出発して，

・$a:b=c:d$, $c:d=e:f \implies a:b=e:f$
・$a:b=c:d=e:f=\cdots$ ならば
$$a:b=(a+c+e+\cdots):(b+d+f+\cdots)$$
・$a:b=ma:mb$
・$a:b=c:d$ で，4つのうち a が最大ならば
$$a+d>b+c$$

など比の基本性質が述べられている．

第6巻は，この比例の理論を幾何学に応用することを述べている．この中には，「三角形の1つの内角の2等分線は，その対辺を，角を挟む2辺と同じ比に

わける」という命題や，相似三角形に関する性質も含まれている．

第7巻，第8巻，第9巻

　第7巻，第8巻，第9巻では数論が主題となっている．
　第7巻の冒頭には，数についての定義がのせられている．
　定義1．　単位とは，存在するものおのおのが1とよばれるものである．
　定義2．　数とは単位の集まったものである．
からはじまって，約数，倍数，偶数，奇数，素数，互いに素な数などの定義が続き，最後は
　定義23．　完全数とは，自分自身の約数の和に等しい数である．
で終っている．
　この巻の命題2に，有名なユークリッドの互除法が述べられている．ここには代数記号などは少しも登場せず，数も線分ABとして表わされている．そして2つの数 m, n が $m=kn$ と表わされるとき，「m は n によって測られる」といい表わしている．そしてこのような言葉を使って，2つの数の最大公約数，最小公倍数の求め方や，約数，倍数のことが論じられている．命題30では「素数 c が ab をわりきるならば，c は a か b をわりきる」が示されている．
　第8巻ではたとえば命題13「$a:b=b:c$ ならば，$a^2:b^2=b^2:c^2$, また $a^3:b^3=b^3:c^3$ となる」や，命題24「$a:b=c^2:d^2$ で，a が平方数ならば，b も平方数である」などが述べられている．
　第9巻の命題20は「素数は無限に存在する」であり，命題35では「$a_1, a_2, a_3, \cdots, a_n, a_{n+1}$ が連比例すれば（すなわち等比数列となっていれば），
$$(a_2-a_1):a_1=(a_{n+1}-a_1):(a_1+a_2+\cdots+a_n)$$
が成り立つ」が示されている．これは実質的には等比数列の和の公式である．

第 10 巻

ここでは無理量について論じられている．この巻の冒頭に，定義として

> 同じ尺度によってわりきられる量は通約できる量といわれ，いかなる共通な尺度ももち得ない量は通約できない量といわれる

が載せられている．1と$\sqrt{2}$は通約不可能な量である．2つの量が与えられているとき，大きな量を小さな量でわり，次に小さな量をその余りでわるという互除法を，くり返して行なっていくとき，どこまでいってもこの操作が終らず，いつまでも余りがでるとき，この2つの量は通約不可能な量となる．

『原論』では，数はすべて線分の長さとして表わされているから，2つの数をとったときそれが通約可能か，通約不可能かを知ることは大変難しいことになる．たとえば正五角形の1辺の長さと，対角線の長さが通約不可能であることを幾何学的に示すにはどのようにするのか．

この第10巻は，『原論』の中でも，もっとも完成された部分であるといわれるが，内容は難解である．

ここにはピタゴラス学派が見出した通約不可能な量の存在から，ギリシァ数学が直面せざるを得なくなった数と量との間の深淵が覗いている．

第11巻，第12巻，第13巻

第11巻では，立体幾何が扱われており，立体角や，平行六面体，立方体，角柱の性質などが，39の命題にまとめられている．

第12巻では，「とりつくしの方法」という考え方で，命題2「円の面積は，直径の2乗に比例する」，命題10「円錐の体積は，同じ高さ，同じ底面の円柱の$\frac{1}{3}$である」，命題18「球の体積は，直径の3乗に比例する」が示されている．

最後の第13巻は，5個の正多面体の性質にあてられている．命題13から17までは，球に内接する各正多面体の辺と，球の直径との比

$$\frac{\text{正多面体の辺の長さ}}{\text{球の直径}}$$

の値が次のようになることを示している．

$$\text{正4面体}\sqrt{\frac{2}{3}}, \quad \text{正8面体}\sqrt{\frac{1}{2}}, \quad \text{正6面体}\sqrt{\frac{1}{3}}$$

$$\text{正20面体}\sqrt{\frac{5-\sqrt{5}}{10}}, \quad \text{正12面体}\frac{\sqrt{5}-1}{2\sqrt{3}}$$

となる．

『原論』の最後の命題となる，この巻の終りの命題は，正多面体の辺の長さの比較と，正多面体はこの5つしかないことにあてられている．

Tea Time

『原論』は，数学という学問は体系化して捉えることのできる学問であることを明らかにした．

倫理学や哲学では，個人の思想を体系化することはできても，学問全体を体系化することはできないだろう．また自然科学や工学では，新しい現象の発見や，また新しい方法の発明によって，道が拓けてくるから，既成理論の体系化はできても，学問全体を体系的な視点で見ることはやはり難しいのではないかと思われる．

しかし，『原論』での数学は，幾何学の体系化であった．幾何学では，図形の性質を調べるとき，図形を観察し，分析し，もっとも基本的な性質を取り出し，そこから組み立てて総合的な結果を得る．学問の組み立て自身が体系的なのである．いずれにせよ，『原論』の成立は，学問のもつ完成した形とはどのようなものかを，はっきりと示すことになった．

前に述べたブルバキは，図形のかわりに，「構造」という理念によって現代数学を体系的に見直そうと試みたものかもしれないが，それは『原論』のように明確に構成され，完成された形をとることはなかった．『原論』は，静的な図形を通してイデアの中での実在を見ようとする，その過程までも明示したギリシァ数学の完成した姿を示しているのである．

第 13 講

ヘレニズムの開花

> ギリシァ数学が重く背負っていたピタゴラスの影響も，またイデア的な考えも，ヘレニズムの大きなうねりの中で，もっと広い世界の中へと融けこんでいったようにみえる．そこにアルキメデス，アポロニウス，少し時代が下ってディオファントスが登場する．彼らの数学は，近世ヨーロッパで新しい数学が目覚めるとき，大きな影響を与えた．この3人の数学者については，次講以下，ひとりひとりについて述べるので，この講ではヘレニズム時代後期のヘロンとパッポスについてかくことにする．この2人の数学者の目は，もはや数学にだけ向けられているのではなく，広い社会の方へ向けられていた．数学は閉ざされた学問ではなく，この時期には動きはじめてきたようである．

ギリシァからヘレニズム時代へ

紀元前338年に，マケドニアのフィリップ二世がギリシァに侵入してきて，ギリシァを支配下におさめた．そしてスパルタを除いて，ギリシァの各都市国家ポリスを統合し，ギリシァに自治権を与えた．そのためマケドニアのもとにあってもギリシァの政治状勢は安定していた．プラトンの創ったアカデメイアは，529年まで，創設以来約850年間存続し続けたのである．

フィリップ二世のあとを継いだアレクサンダー大王のペルシァへの大遠征は紀元前334年からはじまった．アレクサンダー大王はペルシァを征服したあと，フェニキアを征服し，エジプトに入り，エジプトの王ファラオの地位についた．そ

してナイル川河口のデルタ地帯に，アレクサンドリアの都市建設をはじめた．これを機に，ヘレニズム文化が開花へ向けて動きはじめることになった．アレクサンダー大王の世界制覇実現へ向けての版図の広がりの中で，古代国家の枠組が崩され，ギリシャ文化がオリエント，エジプトからさらにペルシャ，インドへと広がり浸透していくことになり，そこにさまざまな文化の融合が行なわれた．こうして生まれてきた新しい文化をヘレニズム文化というのである．

このヘレニズムの中心はアレクサンドリアであった．アレキサンダー大王の死後，アレクサンドリアはプトレマイオス朝の首都となり，地中海と紅海をつなぐ貿易港として商工業の中心として盛え，ヘレニズム最大の都市として繁栄をきわめた．人口は 80 万人を数えたといわれている．ここにプトレマイオス一世により，ムセイオン（王立科学研究所）とその付属の大図書館が設立された．ムセイオンは今日，私たちがアカデミーとよんでいるもので，そこでは学者，文献学者，科学者，芸術家，技術家たちが住み，補助を受けていた．特に文献学と自然科学の研究が盛んに行なわれた．図書館にはギリシャでつくられたあらゆる写本，さらにギリシャ以外のペルシャあるいはその他の国の写本も系統的に集められていた．その数は 70 万巻を越していたともいわれている．

アレクサンドリアでは 4 世紀までに活発に研究が行なわれていた．しかしキリスト神学が盛んになるにつれ，たとえば 410 年代にアレクサンドリアではギリシャ思想が禁止されるようなこともあって，しだいに衰退し，6 世紀前半にはアレクサンドリアの学問は終りを告げた．641 年には，大図書館はイスラームにより完全に焼き払われ，古代を知る手がかりとなるものが，ほとんど失われてしまった．

ヘレニズム時代の数学

ヘレニズム時代には偉大な数学者たちが現われ，ギリシャ数学を大きく展開させた．数学は，もはやピタゴラスの影を重く背負うこともなく，新しい方向へと展開をはじめたのである．

ユークリッドは，プトレマイオス一世に招かれてアレクサンドリアに移り，ア

テナイから離れたこの地で『原論』をかいたと伝えられている．

ヘレニズム時代のもっとも有名な数学者というと，アルキメデス，アポロニウス，ヘロン，パップス，ディオファントスのような人たちを挙げることができる．

この中で，アルキメデス，アポロニウス，ディオファントスについては，以下の第14講，第15講，第16講で述べることにするので，ここでは残りの2人の数学者，ヘロンとパップスについて述べることにしよう．

ヘ ロ ン

ヘロンがいつ頃の人なのかはよくわかっていない．2世紀よりあとの人とする見方もあるようである．ヘロンの著作として残っているものとしては，『測量術』，『照準儀』（現在の経緯儀と同じで，古代人の測量に用いられ，このようによばれていた）などの数理工学的なものから，幾何学についてのものなどがある．またいろいろな機械学的な仕掛けを発明した．

ヘロンという名前は，三角形の面積を辺の長さから求める公式——ヘロンの公式——から，よく知られている．三角形 ABC の各辺の長さを a，b，c で表わし $s=\dfrac{a+b+c}{2}$ とおくと，面積 S は

$$S=\sqrt{s(s-a)(s-b)(s-c)}$$

で表わされる．これがヘロンの公式である．

ヘロンはこれを「測量術」の中で幾何学的に証明した．平方根の入ったこのような複雑な式を，図形の考察だけからどのようにして導き出したのかということは，大変興味のあることである．参考のためにこの証明を記しておこう．この証明を見ると，当時幾何学がどれだけ深い学問となっていたかがよくわかる．

ヘロンの証明

図28のように，三角形 ABC の内接円 O をかく．内接円の半径を r，
$$s=\dfrac{a+b+c}{2}$$

図 28   図 29   図 30

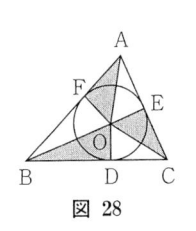

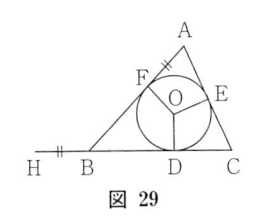

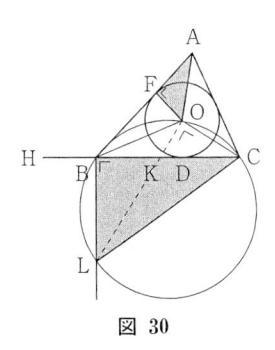

とおく．図 28 で網掛け部の面積の和は

$$(AF+BD+CE)\times r\times \frac{1}{2}=s\cdot \frac{r}{2}$$

である．これから三角形の面積 S はこの 2 倍，すなわち

$$S=sr \qquad (1)$$

となる．

いま図 29 のように，CB の延長上に BH＝AF となるような点 H をとる．このとき CH＝s となり，また OD＝r だから，したがって (1) は

$$S=CH\cdot OD$$

と表わされる．これを

$$S=\sqrt{CH^2\cdot OD^2} \qquad (2)$$

と表わす．

図 30 のように OC に直角な線 OL を引き，OL と BC の交点を K，また ∠CBL が直角となるように L をとる．

四角形 COBL は，CL を直径とする円に内接している．したがって，

$$\angle COB+\angle CLB=2\angle R$$

また

$$\angle COB+\angle AOF=2\angle R$$

したがって 2 式を見くらべて

$$\angle CLB=\angle AOF$$

これから 2 つの直角三角形が相似であることがわかる：

$$\triangle CLB\backsim \triangle AOF$$

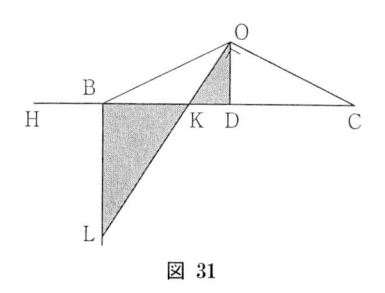

図 31

ゆえに
$$BC : BL = AF : FO = BH : OD \quad (FO = OD に注意)$$
ここで, 内項の積は外項の積に等しいことを使って, 比の順序をとりかえると
$$BC : BH = BL : OD$$
$$= BK : KD \quad (\triangle BKL \backsim \triangle DKO)$$
これから
$$(BC + BH) : BH = (BK + KD) : KD$$
$$CH : BH = BD : KD$$
∠COK は直角だから
$$CH^2 : CH \cdot HB = CH : HB = BD : DK$$
$$= BD \cdot DC : DC \cdot DK$$
$$= BD \cdot DC : OD^2 \quad (\triangle COK は直角三角形だから)$$
これから三角形 ABC の面積 S は, (2) を参照すると
$$S^2 = CH^2 \cdot OD^2$$
$$= CH \cdot HB \cdot BD \cdot DC$$
$$= s(s-a)(s-b)(s-c)$$
これでヘロンの公式が示された.

パッポス

パッポスは, ヘレニズム時代の後期にあたる 3 世紀後半の人である. このときすでにユークリッドの『原論』が出てから 500 年以上の長い歳月がたっている.

この間にイタリア半島では，紀元前300年頃までにローマがしだいに国の体制を整えていき，その後ローマの領土の拡大によって当時の世界は，地中海沿岸からさらになお未開であったヨーロッパ内陸へと広がっていった．この歴史の中で，文化から文明へ向けての新しい流れが生じてきたのかもしれない．『原論』にみられるような幾何学はギリシャ文化に深く根ざしていたから，このような時流の中で3世紀頃には幾何学の研究はしだいに沈滞していく傾向にあった．

　パッポスの著書『集成』（または『数学集成』）は，『原論』の注釈書であるだけでなく，広く幾何学全体を総合し，包括するような本であり，この書によって衰えかけていた幾何学への関心はもう一度甦ってきたのではないかと思われる．

　『集成』は9巻からなるが，その全部が完全に残っているわけではない．幾何学に関係するいろいろなことが自由に取り上げられ，論じられている．『原論』に見られる固い近寄り難い枠組は，ここでは完全に取り払われてしまったのである．ここにはやはり500年という歳月を感じさせるものがある．

　たとえば，『集成』第5巻の標題は「等周について：蜜蜂と巣の話」となっている．ここでは周の長さが等しい図形相互の面積の関係や，表面積が等しい立体の体積について論じられているが，このはじまりは，数学の本とも思えないような魅力溢れる文学的な文章からはじまっているのである．この部分をヒース『ギリシャ数学史』（共立出版）から引用させて頂く．

　蜜蜂のみごとな秩序の普遍性と関連性，蜜蜂の国家を支配する女王への忠誠，などを述べたあとで，次のような文章が続く．

　　おそらく蜜蜂は，天国から人類の文化的な部分へ，ハチミツという形で神々の食物のわけ前を運ぶのが仕事だと信じているのであろう．そのために蜜蜂は，ハチミツを地面とか樹木とかあるいはほかのみにくい不規則なものへ注ぐのは適当ではないと考えている．そしてまず，地上で育つ美しい花々から甘いものを集め，それらで蜜の受器としてわれわれが巣とよんでいるところの小室は，みな等しく同じようで，互につらなっており，六角形の器をつくるのである．そして蜜蜂たちは，ある幾何学的な深慮によって工夫したのだということをわれわれはこんなふうに推測してもよいだろう．蜜蜂は，その形は，そのすきまに少しも不純物もまざってはならず，できあがりの純粋性が損なわれないようにと互に連続しており，いいかえれば共通辺をもつよう

なものでなければならないと，必然的に考えたのであろう．……聡明さにおいては蜜蜂より多くの貢献をおこなうことを望むわれわれは，いっそう広汎な主要な問題，すなわち周が等しく等辺等角の平面図形のうちでは，角の数が多いほど常に（面積において）大きく，周の等しい平面多角形のうち，最大なるものは円であることを研究するであろう．

しかしヘレニズム文化の中で育ったこのような柔らかな土壌は，中世ヨーロッパに引き継がれていくことはなかった．『原論』は，『聖書』に並ぶ権威ある書となり，その高みの中で幾何学を考える自由なたのしみは見失われてしまったのである．

Tea Time

『集成』の中から，『原論』では見ることのできなかった簡明で見やすい幾何学の定理を1つ挙げておこう．

2つの数 a, b（直線の長さとして表わされるので正の数）に対し

$$l=\frac{a+b}{2}, \quad m=\sqrt{ab}, \quad n=\frac{2}{\frac{1}{a}+\frac{1}{b}}=\frac{2ab}{a+b}$$

をそれぞれ，a, b の算術平均，幾何平均，調和平均という．

定理 a, b が与えられたとき，l, m, n は図32のように，直径 $a+b$ の半円の中ですべて実現される．

証明 $l=\mathrm{OA}$ のことは明らか．

$m=\mathrm{BD}$ のことは，直角三角形 ACD で $\triangle\mathrm{ABD}\infty\triangle\mathrm{DBC}$ から $a:\mathrm{BD}=\mathrm{BD}:b$ が成り立つことからわかる．

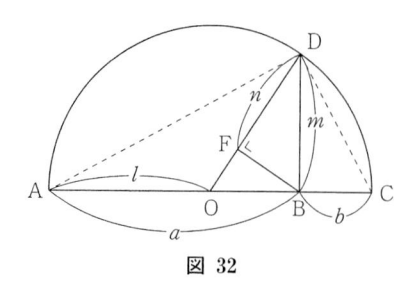

図 32

$n=\mathrm{DF}$ のことは次のように示される．
$$\triangle\mathrm{BDF}\infty\triangle\mathrm{ODB} \text{ から } \mathrm{DF}:\mathrm{BD}=\mathrm{BD}:\mathrm{OD}$$
したがって
$$\mathrm{DF}\cdot\mathrm{OD}=\mathrm{BD}^2=\mathrm{AB}\cdot\mathrm{BC}$$
一方，
$$\mathrm{OD}=\frac{1}{2}(\mathrm{AB}+\mathrm{BC})$$
したがって
$$\mathrm{DF}\cdot(\mathrm{AB}+\mathrm{BC})=2\,\mathrm{AB}\cdot\mathrm{BC}$$
これから
$$\mathrm{AB}\cdot(\mathrm{DF}-\mathrm{BC})=\mathrm{BC}\cdot(\mathrm{AB}-\mathrm{DF})$$
$$a\cdot(\mathrm{DF}-b)=b\,(a-\mathrm{DF})$$
これは整理すると
$$\mathrm{DF}=\frac{2ab}{a+b}$$
となる．これは $\mathrm{DF}=n$ を示している．

第14講

アルキメデス

> アルキメデスの数学への関心は,『原論』で示された数学とはまったく別のところにあった.アルキメデスの目は,現在でいえば,数理物理的なものや,数理工学的なものに向けられていた.そこにはイデア的なものは消えて,動的な考えで近づかなければならない数学の対象があった.アルキメデスは放物線の面積を,内部と外部から多角形で近似していくことで求めた.「無限畏怖」から,極限概念の導入はなかったが,これは積分の考えの誕生を意味していた.円周率も 3.14 まで正確に求めた.球の体積や,表面積も求めた.また微小な砂粒で宇宙のひろがりを測ると砂粒はどれだけいるかを求めたが,そこには想像を超える巨大な数が現われ,その記数法も考えた.アルキメデスの数学的思考法はすぐに受け継がれることはなかった.アルキメデスの数学は,むしろ近世数学のはじまりに直結するのである.

アルキメデスの生涯

アルキメデス(紀元前 287-212)は,イタリア半島の沖合いにあるシチリア島のポリス,シュラクサに生まれた.父は天文学者であった.そのため父から天文観測を学ぶとともに,さまざまな機械の製作を試みていた.若い頃,『機械学』という本をかいたともいわれているが,それは残っていない.アルキメデスはある時期,エジプトに行き,そこで螺旋を使って水を汲み上げる揚水器を発明したといわれている.アルキメデスは,アレクサンドリアに留学し,ユークリッドの後継者たちと一緒に幾何学を研究した.その後故郷シュラクサに戻り,そこで一

生を過した．

この時代，地中海の覇権をめぐってローマとカルタゴの間に3回（紀元前264-241，紀元前218-201，紀元前149-146）にわたる長期の大戦争，ポエニ戦争[注]があった．2回目の戦争でシュラクサはローマに攻撃され，紀元前212年に陥落した．ローマ軍がシュラクサを包囲して攻撃しているとき，アルキメデスはさまざまな機械を使った兵器を考案してローマ軍を驚かしたという．その中には，城壁から出た竿が敵船に重いものを落したり，凹面鏡を使って太陽光を集め，敵船を焼き払ったりしたものもあったといわれている．

アルキメデスは，紀元前212年に自分の家で砂の上に図形をかきながら思索に没頭しているとき，侵入してきたローマの兵士に殺されてしまった．

アルキメデスの著作

アルキメデスは，数学の歴史を通してもっとも偉大な数学者のひとりである．現存しているアルキメデスの著作は次のようであり，これらはすべてアルキメデスの独創からなる．

『球と円柱について』第I巻，第II巻
『円の測定』
『円錐状体と球状体について』
『螺旋について』
『平面の釣合いについて』第I巻，第II巻
『砂の計算者』
『放物線の求積』
『浮体について』第I巻，第II巻
『ストマキオン（頸遊び）』（断片）
『方法』
『補助定理集』

注）カルタゴは，フェニキア人が紀元前800年頃からアフリカ北岸につくった植民地から発展した国であるが，フェニキア人のことをローマ人はポエニア人とよんでいた．

『牛の問題』

とりつくしの方法

　アルキメデスは，機械学的な釣合いの考えに導かれて，図形の要素をそれと釣合うもっとかんたんな図形の重さ（分銅）に分解して測るという方法を，幾何学的に整えて「とりつくしの方法」とよばれるものを考え，これを用いて，放物線で囲まれた図形の面積や，球や円錐の体積などを求めた．それはニュートン，ライプニッツによって微積分が完成したあとで見れば，区分求積法によって図形の面積，体積を求める定積分の考えにつながるものであるが，アルキメデスの時代には無限概念の導入はなされていなかったから，それは大ざっぱにいえば，次のような帰謬法による求め方であった．たとえば平面図形に対して，内部からしだいに小さくなる三角形を貼り合わせて，図形に近づけていく．このときある一定数 A をとると，n 番目の三角形を貼り合わせた部分の面積 S_n は，どんな正数 ε をとっても，n を大きくとるといつかは

$$A - S_n < \varepsilon$$

となるとする．一方，この図形を外から同じように三角形を貼り合わせたもので蔽って，n 番目の面積を $S_n{}'$ とするとき，n を大きくとるといつかは

$$S_n{}' - A < \varepsilon$$

となるとする．そうするとこの2つのことから，求める面積が A より小さくても，また A より大きくとも矛盾が導かれる．したがって求める面積は A でなくてはならない．次にアルキメデスが，とりつくしの方法を用いて実際どのようにして放物線の面積を求めたかを述べる．

放物線の面積

　第8講で述べたように，円錐曲線——放物線，楕円，双曲線——に最初に注目したのは，メナイクモスであった．円錐曲線の幾何学的性質はユークリッドによ

って詳しく調べられたようである．パッポスによると，ユークリッドは4巻からなる『円錐曲線論』をかいたようであるが，それは割合早い時期に失われてしまった．またユークリッドより少し前に活躍したアリスタイオスも円錐曲線についてのいろいろな性質を調べていた．アルキメデスはアレクサンドリアで学んでいたとき，円錐曲線について十分な知識を得ることができたのかもしれない．

実際，『平面の釣合いについて』の中では，放物線とその弦のつくる弓形の図形の重心を調べるとき，「周知のやり方で」という表現で，放物線の弦のもつ幾何学的な性質を使っている．

ここではその求め方を要約して述べておこう．

図33を参照しながら説明する．放物線と，放物線の弦ABのつくる弓形の図形の面積をSとする．

Mを弦ABの中点，Mを通って放物線の軸に平行な直線を引き，放物線との交点をOとする．そして三角形OABの面積をTとする．このときアルキメデスの得た結果は

$$S = \frac{4}{3}T$$

である．

放物線の性質として，点Oにおける放物線の接線は，弦ABに平行となる．またMOの延長上にMO=ONとなるように点Nをとると，A，Bにおける放物線の接線はNを通る．このとき三角形NABの面積は$2T$となっている．

同様の考察を，こんどは弦AO，弦BOに対してそれぞれ行なう（したがって図33

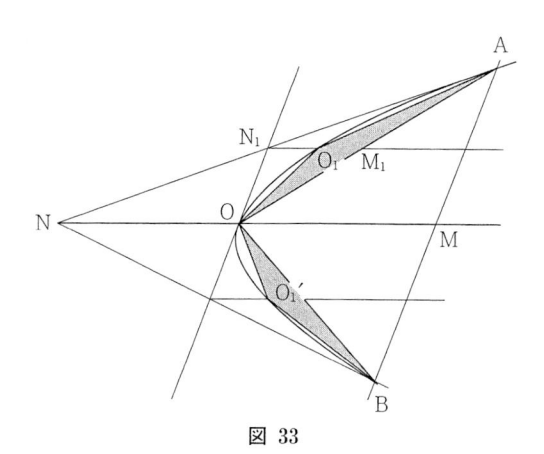

図 33

で AMO に対応するのは，AM_1O_1 となる）．このとき $O_1M_1 = \frac{1}{4}OM$ となるから
$$\triangle OAO_1 = \frac{1}{4} \triangle OAM$$
となる．したがって図の網掛け部の2つの三角形の面積の和を T_1 とすると
$$T_1 = \frac{1}{4}T$$
となる．

明らかに
$$T + T_1 = T + \frac{1}{4}T < S$$

一方 $\triangle O_1AN_1$ と $\triangle O_1M_1A$ とは面積が等しい．同じように $\triangle OO_1N_1$ と $\triangle OM_1O_1$ は面積は等しい．したがって四角形 $OMAN_1$ と，対応する OM の下の四角形に注目すると
$$S < T + 2T_1$$
となる．

同様の考察を弦 AO_1, O_1O, OO_1', $O_1'B$ に対して行なう．そうすると，それぞれの弦の上に1つの三角形がつくられる．この面積の和を T_2 とする．このとき
$$T_2 = \frac{1}{4}T_1 = \frac{1}{4^2}T, \qquad T + T_1 + T_2 < S < T + T_1 + 2T_2$$
が成り立つ．

こうして面積 S を「とりつくしていく」操作を n 回続けると
$$T + T_1 + \cdots + T_{n-1} + T_n < S < T + \cdots + T_{n-1} + 2T_n$$
$$T\left(1 + \frac{1}{4} + \cdots + \frac{1}{4^n}\right) < S < T\left(1 + \frac{1}{4} + \cdots + \frac{1}{4^n} + \frac{1}{4^n}\right)$$

これから等比級数の和の公式を使うと
$$-\frac{1}{3} \cdot \frac{T}{4^n} < S - \frac{4}{3}T < \frac{2}{3} \cdot \frac{T}{4^n}$$

となる．n はどんなに大きくとってもよいのだから，S は $\frac{4}{3}T$ 以外の数ではあり得ない．

円の面積，球の体積と表面積

『円の測定』の中で，アルキメデスは，命題1として，「すべての円は，その半径が直角をはさむ1辺に等しく，その周が底辺に等しいような直角三角形に等しい」，すなわち半径 r の円の面積は

円の面積，球の体積と表面積　　　　　　　　　　　　　　　87

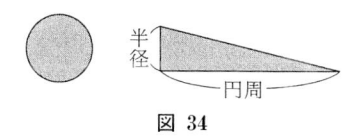

図 34

$$\frac{1}{2} \times r \times 2\pi r = \pi r^2$$

となることを，円に内接する多角形と，円に外接する多角形を用いて，とりつくしの方法で示している（図 34）．

また同じ本の命題 3 では

「すべての円周は，その直径の 3 倍に，その直径の $\frac{1}{7}$ より小さくて，$\frac{10}{71}$ より大きい超過分を加えたものである」，すなわち円の半径を r とすると

$$2r \times 3 + \frac{10}{71} \cdot 2r < \underset{\text{円周}}{2\pi r} < 2r \times 3 + \frac{2r}{7}$$

これは円周率 π に対して

$$3\frac{10}{71} < \pi < 3\frac{1}{7}$$

が成り立つことを示したことになる（小数点以下 4 位まで求めておくと $3.1408 < \pi < 3.1428$ である）．アルキメデスは円に内接，外接する正 96 角形の周の長さを求めることによってこの結果を得ているが，とりつくしの方法によるこの証明が，いまの場合 π の値の下からと上からの評価を与えていることに注目しよう．

また球の体積は球に外接する円柱の体積の $\frac{2}{3}$ に等しいこと，球の表面積は球の大円の面積の 4 倍に等しいことも示した．これは半径 r の球の体積が $\frac{4}{3}\pi r^3$，表面積 $4\pi r^2$ であることを示したことになっている．

なおこの球の表面積が $4\pi r^2$ であることは，球の表面積は球に外接する円柱の表面積の $\frac{2}{3}$ に等しいといってもよい．それは半径 r の球に外接する円柱の上面と下面の面積がそれぞれ πr^2，側面の面積が $2\pi r \times 2r$（円周×高さ）だから，円柱の表面積は

$$2\times \pi r^2+2\pi r\times 2r=6\pi r^2,$$

したがって

$$\frac{2}{3}\times 6\pi r^2=4\pi r^2$$

となることに注意するとよいのである．

これについては次のような逸話が残されている．

アルキメデスがシュラクサでローマの兵士によって殺されたことに，ローマ軍の指揮をとっていたマルケルスは心を傷めたといわれている．マルケルスは兵士たちに，アルキメデスを殺すことのないようにと命じていたそうである．アルキメデスの死を悼んだマルケルスは，アルキメデスの墓を立てたのではないかと伝えられている．この墓碑には下の図のような図形が刻まれていたという．

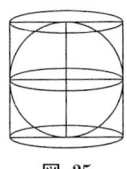

図 35

これは「球の体積，表面積は，いずれも外接する円柱の $\frac{2}{3}$ に等しい」ということを示すもので，アルキメデス自身が，生前から自分の墓に刻むことを望んでいたものだったそうである．

Tea Time

アルキメデスに関する有名なエピソードをかいておこう．

シュラクサのヒエロン王は，神殿に黄金の冠を奉納するために，ある工匠に必要な量の黄金を渡したという．でき上がった冠はみごとなものであったが，この冠には黄金が抜き取られて，その代りに同重量の銀が混入されているとの噂が入ってきた．そこでヒエロン王は，その真偽を確かめるとともに，冠を構成する金と銀の割合を見出すようにアルキメデスに依頼したのである．

アルキメデスはこの問題に思いをめぐらしていたとき，たまたま浴場につかっ

たとき，その中に沈んだ自分の体の体積だけ，水が浴槽から溢れ出ることに気づき，「ユーレカ，ユーレカ」（わかった，わかった）と叫びながら，裸のままで街を走って帰ったといわれている．

アルキメデスの解法は次のようなものだったろうと推定される．

冠の重さに等しい金の塊りと冠の重さに等しい銀の塊りを用意して

V：冠を水中に入れたとき溢れ出た水の体積

V_1, V_2：それぞれ金の塊りと銀の塊りを水中に入れたとき溢れ出た水の体積

W：冠の重さ

とする（図36）．

冠の重さ W は，金の重さ W_1 と銀の重さ W_2 の和となるので $W = W_1 + W_2$．

金，銀それぞれの単位体積あたりの重さは一定なので W_1 の金によって溢れ出る水の体積は $\dfrac{W_1}{W} V_1$．重さ W_2 の銀によって溢れ出る水の体積は $\dfrac{W_2}{W} V_2$．

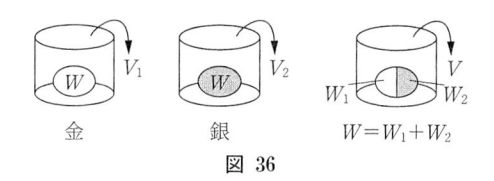

図 36

これから

$$\frac{W_1}{W} V_1 + \frac{W_2}{W} V_2 = V$$

この式から

$$W_1 V_1 + W_2 V_2 = VW = V(W_1 + W_2)$$

すなわち

$$W_1(V - V_1) = W_2(V_2 - V).$$

したがって

$$W_1 : W_2 = (V_2 - V) : (V - V_1)$$

したがって V, V_1, V_2 を測定することで，金，銀の比率がわかる．

第15講

アポロニウス

> アポロニウスのもっとも有名な著書は『円錐曲線論』である．アポロニウスは，円錐曲線——楕円，双曲線，放物線——の性質を徹底的に調べ上げた．円錐曲線は円錐の切断面として表わされるが，アポロニウスは円錐曲線を，現在の観点でいえば，共役直径という考えを使って座標を導入し，この座標 (x,y) の2次式として表わされる平面曲線としてその性質を調べるという方法も用いた．線分演算を使って2次方程式までは解くことができる．しかし一般の2次曲線は円錐曲線である．アポロニウスの『円錐曲線論』の後半は，非常に難解なものであるといわれているが，それはある意味で，ギリシァ数学が『原論』を超えてさらに歩みを進めていった究極のゴールだったのである．

アポロニウスとギリシァ数学の高峰

アポロニウス（紀元前262?-190?）は，小アジア南部のペルガに生まれた．おそらく生涯の大部分をアレクサンドリアで過し，ユークリッド学派とよばれる人たちの中にあって研究のときを過していたものと思われる．アポロニウスはアルキメデスより20年くらいあとの時代を生きていたことになる．アポロニウスが，アレクサンドリアでギリシァ数学の伝統の中にあったことと，アルキメデスが，アレクサンドリアから遠く離れたシュラクサでひとり思索にふけっていたことは，この2人の数学者の仕事の上にも影を落しているようで，私には興味深く思われる．

アルキメデスが，定規とコンパスによる作図によって図形の幾何学的性質を取り出すだけでなく，「とりつくしの方法」によって面積や体積などの図形の内在的な性質に深く立ち入ったのにくらべると，アポロニウスはギリシァ数学が幾何学を通して得た究極の高みという場所に立って思索を続けた．

　アポロニウスの最大の仕事は円錐曲線にあった．定規とコンパスを用いて図形を分解して調べるというギリシァ幾何学の方法が適用されるのは，現在の解析幾何学の立場から見ると，x と y の式として図形（曲線）を表わしたとき，x と y の1次式として表わされる図形か，x と y の2次式として表わされる図形に限られる．x と y の1次式と表わされるのは直線であり，x と y の2次式として表わされるのは円錐曲線——楕円（円を含む），放物線，双曲線——である．ユークリッド幾何で対象とされた主な図形は直線と円であった．アポロニウスはギリシァ幾何学で残された領域，円錐曲線を徹底的に調べ上げたのである．

　現在では，円錐曲線の性質は2次式の関係として代数的に式の変形や，変数の入れかえなどを使いながら標準的な形に直して調べることができる．しかしアポロニウスはそれをすべて幾何学的な考察から導かなければならないということもあり，彼の円錐曲線論は深遠で難解なものとなった．

　その後の数学の歴史を見ると，アルキメデスの数学も，アポロニウスの数学も，それ以上大きく展開されることもなく，1800年近くもの間，いわば歴史の中に埋もれていた．ギリシァ数学が達した最高峰は，厚い雲に蔽われ続けていたのである．この雲を払うためには，まったく新しい視点に立った「方法」が必要であった．それは17世紀になって，デカルトの解析幾何，ニュートン，ライプニッツの微分積分により達成された．数学の流れは，時には私たちの想像を超えた長い時間の中を，大河のようにゆっくりと流れるのかもしれない．

　■ 17世紀の大数学者ライプニッツは，「アルキメデスやアポロニウスを理解する者は，後世の第1級の人物の業績といえとも，2人の業績ほど賞讃することはないであろう」，またデカルトは，「アポロニウスの証明の理解にはたいへんな精神の集中を必要とする」，といっていたそうである．私たちはいまは代数的な，あるいは総合的な視点を与える抽象的な考えになれているから，いわば式や概念を取り出して書きながら，一歩，一歩推論を重ねていく．しかしアポロニウスは，図形に含まれている性質をまず直覚し，そこから考えをはじめることだけが，図形の解析への道であった．それを著書を通して理解することは，険しい道を登るようなことになるのだろう．

アポロニウスの著作

　アポロニウスの著作でいまに残るものは『円錐曲線論』であるが，アポロニウスはこれ以外にも多くの本をかいた．しかしそれはすべて失われてしまって，その一部が，断片または伝承として伝わっているだけである．ここにはアポロニウスが精力的に研究に没頭した日々が窺えるが，同時に当時アレクサンドリアでは，ムセイオンを中心とする学術活動がいかに盛んなものであったかも伝わってくるようである．

　失われてしまった著作としては次のようなものがある．

　　『比例切断』
　　『面積切断』
　　『定量切断』
　　『接触』
　　『傾斜』
　　『平面の軌跡』
　　『12面体と20面体との比較』
　　『円柱螺旋について』
　　『不規則な無理量について』
　　『火鏡について』
　　『連算法について』

　『平面の軌跡』の中には「2点からの距離の比が一定の軌跡は円である」というよく知られたアポロニウスの円についても述べられている．

　『接触』の中では，点，直線，円のどの組み合わせでもよいが，与えられた3つに対してその接触円を描くことが論じられている（点に接触するとは，その点を通ること）．パッポスによって書き残されたものの中から，アポロニウスがすべての場合を解いたことがわかっている．しかし16世紀と17世紀の数学者たちは，アポロニウスは最後の3円の場合は解いていないと考えて，これに挑戦した．定規とコンパスだけでこの解答を与えた人の中にはニュートンもいた．

　アポロニウスは，さらに当時有名な天文学者でもあった．

円錐曲線論

『円錐曲線論』は8巻からなるが，現存しているのは7巻までである．この最初の4巻の内容は，それまで知られていたものも多く含み，アポロニウス自身，円錐曲線の初歩的入門であるといっている．残りの4巻以降は，円錐曲線の本質を越えたものであるといっているが，そこには円錐曲線の接線や法線の関係や，相似の性質などを含め，円錐曲線の幾何学的性質が詳細に調べられている．

アポロニウスは，円錐曲線をはじめて，空間の中で1直線を1点Oのまわりで回転してできる，Oを頂点とする2つの円錐の切断面として定義した（図37）．さらに斜円錐の切断面として得られる円錐曲線も考察した（図38）．母線に平行でない平面で切ったとき，この平面が一方の円錐しか切らないときの切り口の曲線が楕円であり，両方の円錐を切ったときには双曲線となる．したがって双曲線は2つの分枝をもつ．母線に平行な平面で切ったときの切り口が放物線である．

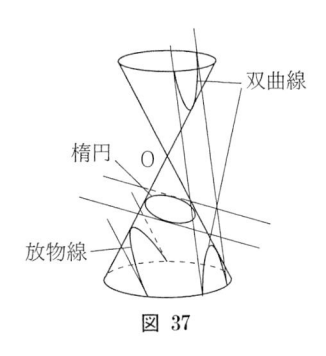

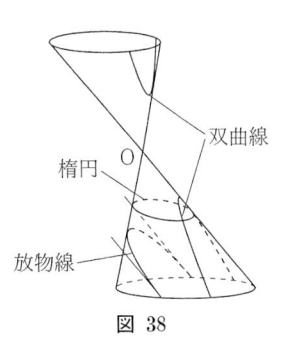

図 37

図 38

共役直径

円錐曲線が1つ与えられたとする．l をこの円錐曲線と2点で交わる直線とする．このとき l と平行な直線を引いて，これが円錐曲線と2点で交わるとき，こ

の2点の中点は必ず一直線上に並ぶ．この直線を l' とする．そして l は l' の共役直径であるという．図39では，楕円と放物線の場合の共役直径がかいてある．放物線のときは，l' は放物線の軸に平行な直線となる．

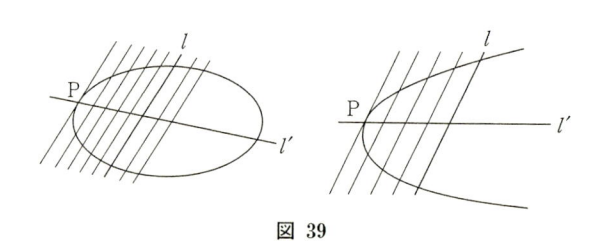

図 39

アポロニウスの時代にはもちろん座標の考えはなかったが，アポロニウスはこの共役直径を座標軸のように考えて，円錐曲線のいろいろな性質を調べた．また l' が円錐曲線を横切る点Pでは，l に平行な直線はPにおける接線となっている．アポロニウスはこのようにして円錐曲線の接線，およびそれに直交する方向の直線——法線——の性質まで調べていったのである．

Tea Time

17世紀になって，デカルトが座標平面上では平面曲線は座標 (x, y) の式として表わされるという考えを明らかにしてから，曲線の幾何学的性質は代数を用いて調べられることになり，解析幾何という分野が発展した．アポロニウスの円錐曲線論は，解析幾何の主要なテーマとして包括されていくことになった．

いまから60年くらい前までは，この解析幾何は大学の教科の中にも組み入れられ，楕円，放物線，双曲線などは微分，積分と並んで親しい教科内容であった．しかしいまでは，本屋の数学書の棚を見ても，解析幾何と題した本を見つけることは難しいことになった．

しかし惑星の軌道は楕円であり，ボールを投げ上げれば地上に下りるまでに描く曲線は放物線であり，反比例 $y = \dfrac{1}{x}$ のグラフは双曲線である．このような曲線がすべて1つの円錐の切断面によって実現されるというのは，数学が示す視点

である．現在の数学教育では，定理，証明という論証によって考える力を育てることが大切なこととなっているが，数学の概念のもつこのような総括的な働きを教えることも重要なことではないかと思う．それはギリシャの数学が天体の星の運動を，幾何学に結びつけた精神を再び甦らすことになるのではなかろうか．

第16講
ディオファントス

> ディオファントスは，深い謎に包まれた数学者である．アレクサンドリアで生まれたという以外，その生涯についてはほとんど知られていない．残されているのは『算術』という著書だけである．ディオファントスは，ギリシァ以前のバビロニアの数学に戻るように，方程式，特に不定方程式を解くことに強い関心を示した．そして方程式を解くために，未知数の概念を導入し，代数式の記法の簡略化なども試みた．ディオファントスは，一般には多くの解をもつ不定方程式に対し，その中から正の有理解を1つ求める方法を，場合，場合に応じて見出している．そこには一般的な方法などはないのである．ディオファントスの『算術』は時代の流れの外にあった独創的なものであったが，やがて16世紀から17世紀にかけて，ヴィエトやフェルマによって読み直され，そこからやがて整数論への道が拓かれていくことになった．

アレクサンドリアのたそがれ

ヘレニズム文化の中で，数学と天文学はローマ人にとってほとんど関心がなく，ローマ支配が拡大する中でこの2つの学問の影はしだいに薄くなっていった．また一方，2世紀以降，キリスト教が広い影響力をもつようになってくるとアレクサンドリアの繁栄にもかげりが差してきた．アテナイに残されていたプラトンの創ったアカデメイアも529年に閉鎖された．

この時代を象徴するような，数学史の中での悲劇がアレクサンドリアで起き

た．アレクサンドリア大学の数学の教授であったテオンの娘ヒュパテイアは，世界最初の女性数学者であり，アテナイに留学したあと，アレクサンドリア大学で，哲学と数学を教えていた．ヒュパテイアは，ディオファントスの注釈書もかいていた．彼女は新プラトン主義者であったが，この哲学では，プラトンのイデアが神の思想となったことでキリスト教から異端視されていた．415年，ヒュパテイアは，狂信的なキリスト教徒たちに襲われ，無残に殺された．アレクサンドリアの栄光は，ここで終ったという学者もいる．しかし実際はアレクサンドリアにおける数学の活動は，このあと100年ほど続いたのである．

ディオファントス

ディオファントスの伝記は伝わっていない．たぶん250年か，その少しあとにアレクサンドリアで活躍していたと考えられている．そうするとヘロンとパッポスの間あたりの時代を生きていたのかもしれない．ギリシァの詞華集の中で，ディオファントスの生涯について次のような諷刺詩がのせられている．「ディオファントスは，一生の $\frac{1}{6}$ を少年時代として過し，ひげは一生の $\frac{1}{12}$ より後にのび，さらに $\frac{1}{7}$ たったのち結婚した．結婚して5年後に息子が生まれた．息子は父の $\frac{1}{2}$ 生き，父は息子の4年後に死んだ．」x を彼の年齢とすると

$$\frac{1}{6}x+\frac{1}{12}x+\frac{1}{7}x+5+\frac{1}{2}x+4=x$$

これから $x=84$ が求められる．

ディオファントスは，アルキメデス，アポロニウスとはまったく異なる資質をもった天才であった．ギリシァ数学の中にあった形相やイデアの世界へとつながるようなものは何もなかったのである．

ディオファントスの数学は，与えられた方程式をみたす未知数をどのようにして求めるかという関心にだけ向けられている．その方程式は，バビロニアの数学のように実際の問題から登場した量の間の関係式でもなく，また線分演算のよう

に図形を見て幾何学的に考察するようなものではなかった．ディオファントスの解き方は，1つ1つの場合に即して，非常に技巧的なものであり，そこには一般的なものに総合されていくような道は見えてこないようである．見えてくるのはディオファントスという一切の伝承を残していない，謎めいた天才の姿である．

Arithmetica

ディオファントスの著作で残されているものは『算術』(Arithmetica) であり，それも原本13巻のうち最初の6巻だけである．

ディオファントスは，はじめて未知数の概念を「単位の不定あるいは不確定量」として導入し，それをかんたんにアリスモス（数）といい，記号 S で表わした．これは方程式を解くということを，具象的なものから抽象化されたレベルにまで高めたことを意味するものである．そして未知数のあとにたとえば2をつけて，いまの記法での $2x$ を表わした．足し算の記法はなく，それは並べてかいた．しかし等号に相当する記号はあった．

ディオファントスが求めようとした方程式の解は，自然数か，正の整数比，すなわち正の有理数であった．また方程式が与えられたとき，その方程式をみたすすべての解を求めるということではなく，1つの解を見つけることに関心があった．

取扱っている方程式は，2次方程式，2次方程式を含む連立方程式，たとえば
$$x+y=2a, \quad xy=B \quad ; \quad x+y=2a, \quad x^2+y^2=B$$
の形のもの

また不定方程式とよばれる
$$x^4+97=y^2$$
のような形の方程式，これをみたすような正の有理数 x と y を1つ求めようとするのである．実際はディオファントスはこの不定方程式を修正して，別の方程式の解を求めている（後述）．

さらにディオファントスは次のようなことも考えているが，これは数論に関係してくる．

ならば、
$$X = m^2 + 2, \quad Y = (m+1)^2 + 2, \quad Z = 2\{m^2 + (m+1)^2 + 1\} + 2$$

$$YZ - (Y+Z), \quad ZX - (Z+X), \quad XY - (X+Y)$$
$$YZ - X, \quad ZX - Y, \quad XY - Z$$

もすべて平方数である.

またディオファントスは,2つの整数がそれぞれ2つの平方数の和であるとき,この2つの数の積は,平方数の和として分解できることを示した.それは
$$(a^2 + b^2)(c^2 + d^2) = (ac \pm bd)^2 + (ad \mp bc)^2$$
からわかる.

■ 17世紀になってフェルマが,この結果に対して $4n+1$ の形の素数とその巾に対して,2つの平方数の和として表わす仕方はいくつあるかを,ディオファントスの本の註としてかきこみ,その後 $4n+1$ の形の素数は必ず平方数の和として表わされることを示した.

『算術』の中から

ディオファントスは,たとえば2次方程式
$$325x^2 = 3x + 18 \quad \text{の答が} \quad x = \frac{78}{325} = \frac{6}{25}$$
$$84x^2 + 7x = 7 \quad \text{の答が} \quad x = \frac{1}{4}$$
であることを,いま私たちが知っているように,2次方程式を平方化して $Ax^2 = B$ の形に直して求めている.しかし負の数はなかったので負根の出ることはなかった.ディオファントスは,方程式をみたす未知値の1つの値を見つけることに関心があったようである.

2次の不等式
$$17x^2 + 17 < 72x < 19x^2 + 19$$
に対しては,x は $\frac{66}{17}$ より大きくなく,$\frac{66}{19}$ より小ではないということも示している.

また次のような算術の中だけで考えるのは難しい問題も解いている.「13を2つの平方数にわけ,おのおのを6より大とすること.」

ディオファントスの与えた答は

$$\frac{258}{101} \quad と \quad \frac{257}{101}$$

である.実際,$13=\left(\frac{258}{101}\right)^2+\left(\frac{257}{101}\right)^2$ で,$\left(\frac{258}{101}\right)^2=6.52\cdots$,$\left(\frac{257}{101}\right)^2=6.47\cdots$ となっている[注].

不定方程式の例としては,まず

$$x^4+97=y^2$$

をみたすような正の有理数 x と y を求めようとした.そのためまず $y=x^2-10$ とおいてみて,x の方程式 $x^4+97=(x^2-10)^2$,すなわち $20x^2+97=100$.これから $x^2=\frac{3}{20}$ となったが,これをみたす有理数 x は存在しない.

そこで最初に戻って,こんどは不定方程式

$$x^4+337=y^2$$

を考えることにする.こんどは $y=x^2-25$ と仮定してみる.そうすると

$$x^4+337=(x^2-25)^2$$
$$x^4+337=x^4-50x^2+625$$

となる.これから $x^2=\frac{144}{25}$ となり,有理数の解

$$x=\frac{12}{5}$$

が得られた.このとき

$$y=\left(\frac{12}{5}\right)^2-25=\frac{19}{25}$$

となっている.ここにはディオファントスが不定方程式の解き方を模索しているような感じが伝わってくる.

注) この解き方に関心のある人は,ヒース『ギリシア数学史』405頁を参照されるとよい.

Tea Time

　新しい数学の方向がひとりの天才の仕事によって示唆されたとしても，それを育てるにはその考えを包みこむような大きな社会の力がなくてはいけないようである．ピタゴラスの思想は，ギリシァ文化の中に根を下ろし，ギリシァ数学の実りとなった．しかしアルキメデスの「とりつくし法」のような数学が目覚めるためには，近世の力学的世界観が現われるまで待たなければならなかった．

　長い間顧みられなかったディオファントスの『算術』にヨーロッパで最初に注目したのは，ドイツの天文学者でありまた数学者でもあったレギオモンタヌス (1436-1476) であった．レギオモンタヌスは，「ディオファントスの書物の中には，算術全体系中の，まさに精華がかくされている」といって当時まだなされていなかったラテン語訳の翻訳をすることを勧めた．実際ラテン語訳が出版されたのは 1575 年のことである．ディオファントスはそれまでのギリシァ数学とはほとんど無縁で，彼個人の考えを数学の中に展開していったから，それは体系化できるようなものではなく，個々の問題に対処する算術的な面が強かった．それはむしろ数論への道を拓くものとなった．実際，16 世紀にはヴィエト，17 世紀にはフェルマによって，ディオファントスの考えに共鳴するような新しい数学が芽生えてきたのである．殊にフェルマが『算術』の欄外に書き残した覚書から，数論の多くの問題が生まれてきた．ヴィエトもフェルマも本職は法律家であって，数学を専門としているわけではなかった．彼らにとって数学は趣味だったのであろう．数学が専門家以外の人にも，いわばたのしみとして受けとられるようにヨーロッパ社会が成熟してきたとき，ディオファントスの思想ははじめて数学の土壌に一粒の種として蒔かれたのである．

第17講
ギリシァの天文学

> バビロニアでは天体の軌道観測から天文学がはじまり，それを暦の作成などに役立てたが，ギリシァの天文学は，地球を中心とする天球の星の回転に対する幾何学的モデルを最初につくり，観測データから，その幾何学的モデルを補正していくことにより，天体の運動を読み取ろうというものであった．特に，太陽，月，惑星の運動を知ることが重要であった．しかし地球を中心とする同心球上で一様な回転運動をしているとすると，現実の暦と合わないので，2つ以上の多くの円を組み合わせた離心円という軌道上を星は運行するとした．この離心円による幾何学的モデルは，プトレマイオスにより完成され，それは中世ヨーロッパまで天文学の規範となったのである．この天文学は，地球を中心とする天動説であり，それは中世神学の考えに適っていた．

1つの思い出

　この講は私の思い出からはじめてみたい．1980年代のはじめ，私は公用で中国へ行き，その仕事が終ったあと，中国の人から案内されて，当時はまだまったく未開発であったシルクロードを旅した．旅も終り，西安に向かう夜行列車に乗るために，トルファンから深夜の砂漠を3時間くらい車を走らせた．月はなく，あたりは漆黒の闇であった．このとき，突然自動車にトラブルが生じ，砂漠の真中で15分くらい立往生するという事態が生じた．私は車の外へ出て空を仰いだ．そこには地上に広がる闇を見下ろすかのように，雲ひとつない夜空には，ほとん

ど隙間のないように無数の星が光り輝いていた．そこには美しさを超えて，宇宙の永遠の姿を感じさせるものがあった．空に散りばめられた星とは，このようなことかと思った．

　古代の人たちは，このような満天の星を毎晩仰ぎ見ていたに違いない．それはバビロニアの砂漠の上にも，ギリシャの島々や海の上にも静かに広がっていた．それは人々にどれほど神秘的な想いを育て，また啓示を与えたことだろう．私はピタゴラスが，宇宙を流れる音の調和を聞きとっていたということも，古代の人たちが古くから天文現象に強い興味を覚えていたことも，このときはじめて納得できた．

　ギリシャの人たちは，天文現象を幾何学の図形へと移して，そこにある法則を見出そうとした．論証としての幾何学が天文現象を解明する手がかりを与えたのである．ここではごくかんたんに，ギリシャ天文学の発展の跡をたどってみよう．

タレスからエウクレイデスまで

　タレスはギリシャ最初の天文学者であった．タレスは「何のために生まれてきたのか」と聞かれたとき「太陽と月と天を研究するため」と答えたという．タレスは紀元前585年5月28日に起きた日食を予言したので有名である．

　アナクサゴラス（紀元前500？-428？）は，月はそれ自身が光るのではなく，太陽の光を受けて輝いているのだ，とはっきり述べている．また日食は月が間に入るためだともいった．

　紀元前4世紀頃，プラトンのアカデメイアを中心として，天球という幾何学的モデルを考えるようになった．ギリシャ人は，月食の観測や，海上で船の帆がしだいに隠れていくのを見て，地球は球形であると考えるようになった．そして地球は天体にあって安定していると考え，それを取り巻く天球には，固定された星たちがいくつかずつ星座をつくって付着しており，その間を，「さまよえる7つの星」，太陽，月，水星，金星，火星，木星，土星が，毎日東から西へと回転していた．

アリストテレスによれば，プラトンは次のような問題を数学者たちに提起したという．

> 一様で完全に規則的であるような，どのような円運動を想定したら，天体で示される現象を説明できるようなモデルとなり得るか．

このような幾何学的モデルを求めるために，このあと球面のもつ幾何学的性質が調べられることになった．ユークリッドの『天文現象論』では，観測天文学に必要となるような球の幾何学を扱っている．

エウドクソス

最初の天体モデルはエウドクソスによるものであった．それは2つまたはそれ以上の同心球からなるもので，たとえば太陽の基本的な2つの運動——1日の動きと1年の動き——を説明するためには2つの同心球が必要となった．内部の球面上には太陽があり，この球の西から東へ，ゆっくりと1年をかけて回る．外側の球は天体であって，これは1日24時間で東から西へと回る（図40）．月の運動の説明には3個の同心球を必要とした．

エウドクソスのこの同心球の天体モデルでは惑星の軌道を十分説明することはできなかったが，アリストテレスはこのエウドクソスの考えを，物理的実在とし

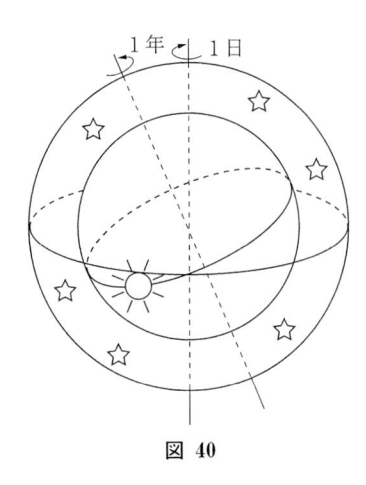

図 40

て彼自身の天文理論に取り入れて合体させた．この影響は 16 世紀までヨーロッパに引き継がれて，天体現象の説明を幾何学的モデルによって説明する試みが続けられた．このことはまた，天文学は数学者が関わる仕事として長い間位置づけられたことを意味している．

アポロニウス

このエウドクスから 150 年くらいたつ間に，この同心球による天体モデルでは説明できない現象があることが明らかになってきた．その中でもっとも顕著なものは，春分から夏至までの日数は夏至から秋分までの日数より 2 日長いということであった．このことはタレスも知っていたという．

アポロニウスは離心円という考えを導入した．離心円とは，図 41 で説明すると，地球 E から少し離れた点 D に中心をもつ円を描く．この円周上を太陽が一様な速さで 1 年をかけて一周すると，図から明らかなように春分から夏至までの時間は，夏至から秋分までの時間より長くなる．

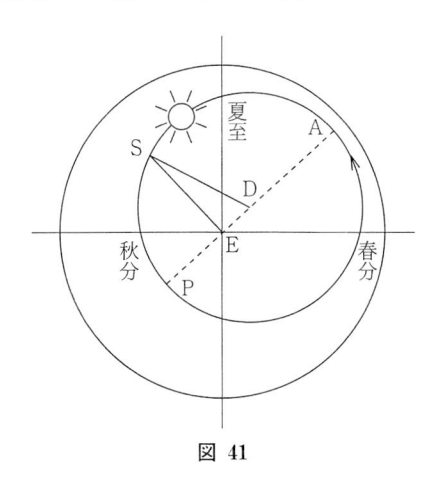

図 41

図 41 で A は遠日点であり，P は近日点である．この太陽モデルで，地球上から見てある日太陽 S がどこに位置しているか知るためには，∠DES が求められればよい．もしこのモデルで DE の長さと DS の方向がわかれば，∠DES を求

めるということは「三角形 DES を解く」問題に帰着する．ここに三角法が誕生する1つのきっかけがあった．

周 転 円

アポロニウスによるこの離心円による天体の運行モデルは，実質的には周転円によるモデルと同じものである．周転円とは，一様な速さで回転している（時計の針と逆向きとする）円 C の周上に中心をもつもう1つの円 C′ があり，この円 C′ はそれ自身 C と同じ速さで逆向きに（時間の針と同じ向きに）回転しているとする（図42.1）．この C′ 上の点の動きにより星の運行を説明することを周転円によるモデル，あるいはかんたんに周転円という．

離心円と周転円が実質的には同じ運動を表わしていることは，図42.2でCDPC′ は，C′ がどこにあっても平行四辺形をつくっていることからすぐに確かめられる．

この離心円と周転円をいくつか重ね合わせ，その作図を通してできるだけ観測結果に適合するモデルをつくることにより，のちには惑星の運動をかなり正確に

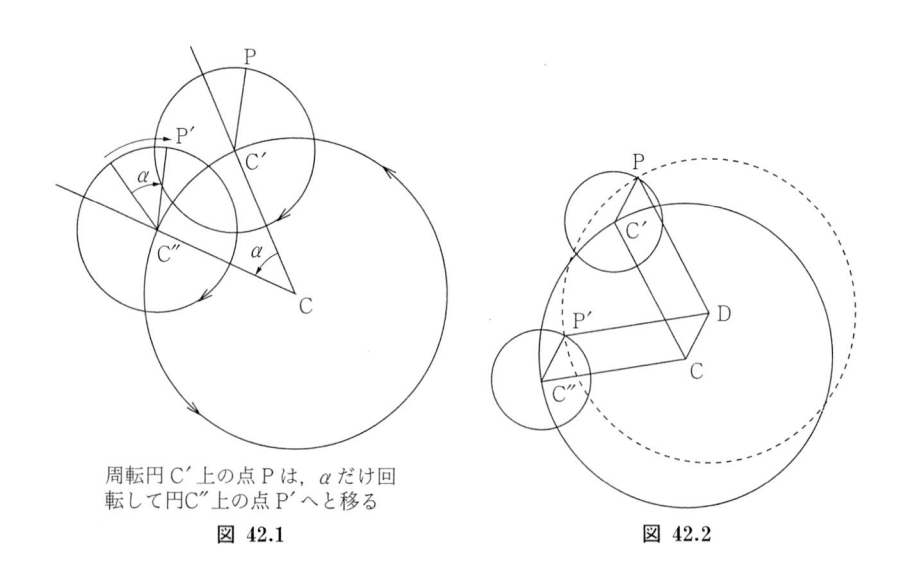

周転円 C′ 上の点 P は，α だけ回転して円 C″ 上の点 P′ へと移る

図 42.1

図 42.2

記述できるようになった．しかしこのモデルによって，与えられた時刻における惑星の位置を求めるには，離心円と周転円を表わすパラメータを用いて，「三角形を解く」ことが必要となってくる．

だが，アポロニウスは，まだ「三角法」という，このためには欠かせない数学の道具を手にはしていなかった．三角法をギリシァではじめて導入したのは次講で述べるヒッパルコスであった．

プトレマイオス

プトレマイオス（100?-170?）は，アレクサンドリアの近くで天体観測をしていたという以外，その生涯についてはほとんど知られていない（なお，プトレマイオスは英語では Ptolemy（トレミー）とよばれている）．プトレマイオスは 16 世紀まで大きな影響を与え続けた 2 冊の著作

『地理学大系』8 巻

『アルマゲスト』13 巻

を残した．『地理学大系』では，地球の表面を経線と緯線によって「座標化」し，世界の主な地点 800 個所の経度と緯度とを航海者や探検家の記録を基にして記している．これはヨーロッパの大航海時代に広く使われたのである．

『アルマゲスト』の方は，藪内清氏の御努力によって日本語の全訳が出版されている（恒星社厚生閣，1993 年）．これは 580 頁にも達している大きな本である．『アルマゲスト』は，このあとケプラーが現われるまでのヨーロッパの天文学に対して，天文学は数学理論であるという視点を与え続けてきたのである．

『アルマゲスト』には，三角関数表に相当する「弦の表」が載せられているが，それは現在の sin の表に直すと，$\frac{1}{2}°$ きざみの精密なものである．これについては次講で改めて述べることにする．この表を用いて，天文観測から得られた多くの角のデータから，幾何学的推論に基いて，太陽，月，惑星の運動を調べたのである．また離心円，周転円のモデルを用いて，太陽や月の運行についての予測も行なっている．

しかし近世になって，天文学が幾何学的なモデルとしてではなく，精密な観測と力学に基づく自然科学となってから，『アルマゲスト』は歴史の中でのその役目を終えることになった．

Tea Time

アルキメデスより 25 歳ほど年長であったアリスタルコスは，『太陽と月の大きさと距離について』という著作を残している．これは興味のあることなのでここで述べておこう．

アリスタルコスはまず次の仮定をおいている．

仮定 1．月は太陽からその光線をうける．

仮定 2．地球は，月がそこにおいて動くところの球に対して 1 つの点であって，球の中心となっている．

仮定 3．これはわかりやすくいうと，太陽 S，地球 E は，月 M が半円になったときには，図 43 のような直角三角形をつくることをいう．

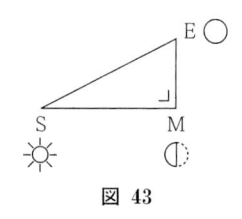

図 43

仮定 4．∠SEM＝87° とする（実際は 89°50′）

仮定 5．地球の影の幅は月の 2 個分

これから次の結論を導いた．

(1) 地球から太陽までの距離は，地球から月の距離の 18 倍より大きく，20 倍よりは小さい（実際は約 390 倍）．

(2) 太陽の直径と月の直径の比も (1) と同じになる（実際は約 395 倍）．

(3) 太陽の直径と地球の直径との比は 19：3 よりは大きいが 43：6 よりは小さい（実際は約 109 倍）．

このあとエラトステネスが現われた．エラトステネスはアルキメデスより少し

若い人だったが，アレクサンドリアの図書館長になった．エラトステネスは，地球の直径を 12630 km とした．これは正しい地球の直径の 12740 km より 110 km しか違っていない．これがいまから 2000 年も昔に得られたことは，本当に夢のようなことである．

第18講
ギリシァの三角法

　天体の星の運動は，天球上の回転運動として観察されるから，この観測データは回転角として与えられることになる．長さは地上のものを測るのに適しているが，角は天体の星の運動を測るのに適しているのである．ヒッパルコスは天球上に緯度と経度を導入し，それによって天文学に球面三角法が用いられることになった．球面三角法を適用するには，まず平面三角法を確立し，現在の言葉でいえば，精密な三角関数の表が必要になる．ヒッパルコスは，半弦の長さ $\sin(\alpha)$ のかわりに弦の長さ $\mathrm{chord}(\alpha)$ を用いた．ヒッパルコスは $\mathrm{chord}(\alpha)$ に対して加法定理を導き，これを用いて「弦の表」をつくった．この「弦の表」は，プトレマイオスによってさらに精密なものとなり，$\frac{1}{2}^\circ$ きざみで，現在の数表とくらべること小数点以下 6 位まで正しいものとなっている．天体の観測にはこの程度の精密さが必要とされたのである．

角 の 単 位

　角を測るのに，1 周を 360°，したがって直角を 90° となるように，角度とよばれる単位を決めたのは，古代バビロニアに溯るといわれている．どうしてこのように決めたのかはっきりした理由はよくわからないが次のような 2 つの推測がある．

　1 つは，バビロニアでは 1 年は 360 日と決めていた．したがって太陽は 1 年をかけて天球上の黄道を回るので，太陽の 1 日のまわりを 1° として，一周するの

図 44

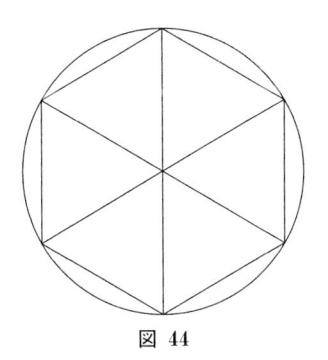

に 360°かかるとしたのだろうという説である．

　もう 1 つは，バビロニアでは 60 進法が用いられていた．円を図 44 のように正三角形をユニットにして 6 つに分解するとき，このユニットの示す角を，60 進法にそろえて 60°としたのではないかという説である．

　いずれにしても，古代バビロニアで用いられた角の測り方が，3000 年以上たった今でも，世界のどこでも共通に使われているという事実は驚くべきことである．それに対して長さの方は，長さの単位としてメートル法が用いられるようになったのは，僅か 200 年くらい前のことである．それでも，インチやマイルは使われているから，完全に 1 つに統一されたとはいいにくい．長さを測ることはごく身近なことで，それぞれの国の生活環境が，長さの単位を決めさせたのだろう．それに反して，角を測るということは日常生活にあまり必要となることではなかった．角は，天上の星の動きを測るためにまず使われたのである．

ヒッパルコス

　古代ギリシァにおける最大の天文学者ヒッパルコス（紀元前 190 ？ -120 ？）はギリシァではじめて円周を $\frac{1}{24}$，および $\frac{1}{48}$ に等分する考えを導入し，そして天球の赤道上に時計と逆方向に測る「座標」α と，赤道から北極および南極へ向けて測る「座標」δ によって天球上の星の位置を表わすことを試みた．このいわば

経度と緯度によって天文学に球面三角法が適用されることになったが，それにはまず平面三角法を確立しておくことが必要であった．

ヒッパルコスが（そしてのちのプトレマイオスも）用いた三角法の基本となる「素材」となるのは chord(a) であった．chord(a) とは1つの円を固定したとき，中心角によって切られる円の弧の長さ a に対し，そのときの弦の長さを表わすものである．chord(a) のことをここでは簡単のため crd(a) で表わすことにする．

もし円の半径を1にとれば，crd(a) と sin との関係は

$$\mathrm{crd}(a) = 2\sin\frac{a}{2}$$

となる（図 45）．

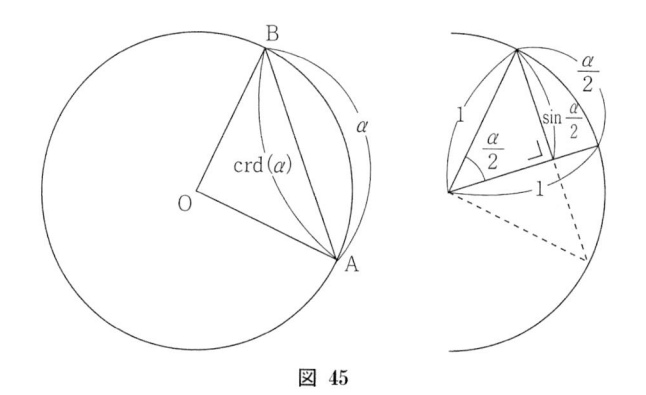

図 45

ヒッパルコスは crd(a) の値を，直径が 6875 の円に対して求めた．直径を特別な値 6875 とした理由は，当時知られていた円周率は 60 進法で $3°8'30''$ であり，これは 10 進法に換算すると

$$3°8'30'' = 3 + \frac{8}{60} + \frac{30}{60^2} = 3.14166\cdots$$

となる．したがってこの円周率の値を使って直径が 6875 の円の円周の長さを求めてみると

$$6875 \times 3.14166 = 21598.9125$$

となるが，これは

$$360 \times 60 = 21600$$

にほぼ等しい．したがってこの円を使うと中心角度1分に対する弧の長さは1となり，角度の単位と弧長の単位が対応するからである．

ヒッパルコスは，次の2つの公式

$$\mathrm{crd}(180°-\alpha) = \sqrt{(2R)^2 - \mathrm{crd}^2(\alpha)} \qquad (R は半径)$$

$$\mathrm{crd}^2\left(\frac{\alpha}{2}\right) = R(2R - \mathrm{crd}(180-\alpha)) \qquad (半角の公式)$$

を使って，$\mathrm{crd}(60°)$ から $\mathrm{crd}(30°)$, $\mathrm{crd}(150°)$, $\mathrm{crd}(7.5°)$ を求め，次に $\mathrm{crd}(7.5°)$ から出発して，7.5°から180°まで，7.5°きざみの「弦の表」を作成した．しかしヒッパルコス自身の手になる著作はすべて消失してしまっている．

プトレマイオスの『アルマゲスト』

『アルマゲスト』の第1巻には，ヒッパルコスの「弦の表」よりはるかに精密な「弦の表」が載せられている．

プトレマイオスは，半径を60とする円を用いて，「弦の表」を作成する．そしてこの表には $\frac{1}{2}°$ きざみで180°までの弦の値が記されている（表1）．$\mathrm{crd}(\alpha)$ と sin との関係はいまの場合

$$\mathrm{crd}(\alpha) = 120\sin\left(\frac{\alpha}{2}\right) \qquad (*)$$

であるが，これを用いてプトレマイオスの表と現在のsinの表とを比べてみると，有効数字は4桁から5桁まで大体一致していることがわかる．

この「弦の表」の作成にあたって，プトレマイオスはまず最初にユークリッドの『原論』第13巻の結果を用いて，円に内接する正10角形の辺の長さを求め，これから $\mathrm{crd}(36°)$ を求める．60進法で表わされたこの結果は

$$\mathrm{crd}(36°) = 37°4'55''$$

である（この結果は10進法では 37.081944 である）．

『原論』第13巻10によると，円に内接する正5角形，正6角形，正10角形の1辺の長さをそれぞれ a, b, c とすると $a^2 = b^2 + c^2$ の関係がある．これを用いて正5角形の1辺の長さ，すなわち $\mathrm{crd}(72°) = 70°32'3''$ が求められる．なお

表1 プトレマイオスの「弦の表」の一部（藪内清訳『アルマゲスト』より）

弧	弦	差の 1/30	弧	弦	差の 1/30
0°30′	0°31′25″	0° 1′2″50‴	23°0′	23°55′27″	0°1′1″33‴
1 0	1 2 50	0 1 2 50	23 30	24 26 13	0 1 1 30
1 30	1 4 15	0 1 2 50	24 0	24 56 53	0 1 1 26
2 0	2 5 40	0 1 2 50	24 30	25 27 41	0 1 1 22
2 30	2 37 4	0 1 2 48	25 0	25 58 22	0 1 1 19
3 0	3 8 28	0 1 2 48	25 30	26 29 41	0 1 1 15
3 30	3 39 52	0 1 2 48	26 0	26 59 38	0 1 1 11
4 0	4 11 16	0 1 2 47	26 30	27 30 14	0 1 1 8
4 30	4 42 40	0 1 2 47	27 0	28 0 48	0 1 1 4
5 0	5 14 4	0 1 2 46	27 30	28 31 20	0 1 1 0
5 30	5 45 27	0 1 2 45	28 0	29 1 40	0 1 0 56
6 0	6 16 49	0 1 2 44	28 30	29 38 18	0 1 0 52
6 30	6 48 11	0 1 2 43	29 0	30 2 41	0 1 0 48
7 0	7 19 33	0 1 2 42	29 30	30 33 8	0 1 0 44
7 30	7 50 54	0 1 2 41	30 0	31 3 30	0 1 0 40
8 0	8 22 15	0 1 2 40	30 30	31 33 50	0 1 0 35
8 30	8 53 35	0 1 2 39	31 0	32 4 8	0 1 0 31
9 0	9 24 51	0 1 2 38	31 30	32 34 22	0 1 0 27
9 30	9 56 13	0 1 2 37	32 0	33 4 36	0 1 0 22
10 0	10 27 32	0 1 2 35	32 30	33 34 46	0 1 0 17

$$\mathrm{crd}(60°)=60, \quad \mathrm{crd}(90°)=60\sqrt{2}=84°51′10″$$

である.

プトレマイオスは，「chord の加法定理」を証明して，さらに細かな角度の chord の値を求めていった.

[chord の加法定理]

$$120\,\mathrm{crd}(\alpha-\beta)=\mathrm{crd}(\alpha)\cdot\mathrm{crd}(180°-\beta)-\mathrm{crd}(\beta)\cdot\mathrm{crd}(180°-\alpha)$$

これを示すためにプトレマイオス（トレミー）は，いまでも幾何の教科書に載せられている次のトレミーの定理をまず証明したのである.

[トレミーの定理] 円に内接する四辺形 ABCD に対して，対角線の積 $AC\cdot BD$ は，相対する辺の積の和 $AB\cdot CD + AD\cdot BC$ に等しい.

このトレミーの定理を図46に実際に使って chord の加法定理を導いてみる.

図 46

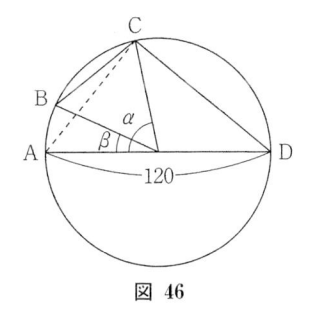

そのため

$$AC = \mathrm{crd}(\alpha), \quad AB = \mathrm{crd}(\beta)$$

とする．このとき

$$BC = \mathrm{crd}(\alpha - \beta)$$

となる．トレミーの定理により

$$AB \cdot CD + AD \cdot BC = AC \cdot BD$$

が成り立つが，これを

$$AD \cdot BC = AC \cdot BD - AB \cdot CD$$

とかき直すと chord の加法公式が得られる．

　この chord の加法定理は，実質的には sin の加法定理

$$\sin(\alpha - \beta) = \sin\alpha\cos\beta - \cos\alpha\sin\beta$$

に等しい．同様にして

$$120\,\mathrm{crd}\{180° - (\alpha + \beta)\} = \mathrm{crd}(180° - \alpha)\mathrm{crd}(180° - \beta) - \mathrm{crd}(\beta)\mathrm{crd}(\alpha)$$

が得られるが，これは cos の加法定理

$$\cos(\alpha + \beta) = \cos\alpha\cos\beta - \sin\alpha\sin\beta$$

と同値である．

　プトレマイオスはこの加法定理と半角の公式を用いて

$$\mathrm{crd}(12°) = \mathrm{crd}(72° - 60°), \quad \mathrm{crd}(6°) = \mathrm{crd}\left(\frac{1}{2} \cdot 12°\right)$$

$$\mathrm{crd}(3°), \quad \mathrm{crd}\left(1\frac{1}{2}°\right), \quad \mathrm{crd}\left(\frac{3}{4}°\right)$$

を求める．このようにして求めた $\mathrm{crd}\left(\dfrac{3}{4}°\right)$ の値は $0°47'8''$ である．したがって $\mathrm{crd}\left(\dfrac{3}{4}°\right)$ からスタートして，加法定理を次々に適用していくことにより，$\dfrac{3}{4}°$ き

ざみの弦の表をつくることができる．

しかしプトレオマイオスは $\frac{1}{2}^\circ$ きざみの数表を作ることを望んでいたので，さらに $\mathrm{crd}\left(\frac{1}{2}^\circ\right)$ の値を知る必要があった．しかしそれには $\mathrm{crd}\left(1\frac{1}{2}^\circ\right)$ からさらにその角の 3 等分の弦の長さを知る必要がある．ここに幾何的方法を使う限り角の 3 等分の問題が登場する．これに対してプトレマイオスは，いままでのように『原論』に基づいた幾何学的方法では $\mathrm{crd}\left(\frac{1}{2}^\circ\right)$ も，したがってまた $\mathrm{crd}\,(1^\circ)$ も求めることは不可能であると感じていたようである．そこで「このような小さな量の決定に対しては，無視できるほどの小さな誤差なら認めることができる」といって，幾何学的方法にかえて，次のような新しい型の議論をする．

■ まず $\alpha<\beta$ ならば $\mathrm{crd}(\beta):\mathrm{crd}(\alpha)<\beta:\alpha$ を示す．次にこの不等式をまず $\alpha=\frac{3}{4}^\circ,\ \beta=1^\circ$ に適用して

$$\mathrm{crd}(1^\circ)<\frac{4}{3}\mathrm{crd}\left(\frac{3}{4}^\circ\right)=\frac{4}{3}\cdot(0^\circ 47'8'')=1^\circ 2'50''40'''$$

次に $\alpha=1^\circ,\ \beta=1\frac{1}{2}^\circ$ に適用して

$$\mathrm{crd}(1^\circ)>\frac{2}{3}\mathrm{crd}\left(1\frac{1}{2}^\circ\right)=\frac{1}{3}\cdot(1^\circ 34'15'')=1^\circ 2'50''$$

この 2 つの不等式から

$$\mathrm{crd}(1^\circ)=1^\circ 2'50''$$

とすることに決める．これから半角の公式を用いて

$$\mathrm{crd}\left(\frac{1}{2}^\circ\right)=0^\circ 31'25''$$

がわかる．

この値を基礎にして，$\frac{1}{2}^\circ$ きざみの「弦の表」をつくっていくのだから，この値の精度が「弦の表」の精度の大体の目安になる．それがどの程度のものかを見るために（＊）を使って，$\mathrm{crd}\left(\frac{1}{2}^\circ\right)$ の値から $\sin\left(\frac{1}{4}^\circ\right)=\sin\left(\frac{1}{2}\cdot\frac{1}{2}^\circ\right)$ を求めてみると，この値は 0.004363246 となる．一方 $\sin\left(\frac{1}{4}^\circ\right)$ の正確な値は 0.004363309 だから，この「弦の表」がどれだけ精密なものであったかがわかる．

Tea Time

　これで紀元前500年から紀元300年頃までに及ぶ，800年間にわたるギリシァ数学の展望はひとまず終った．ニュートン，ライプニッツが微分積分を創造してからまだ330年くらいしかたっていないことに比べると，800年という時間はずいぶん長いように感ぜられる．しかし古代の緩やかな時の流れの中で，数学がここまで高度に進歩し，学問としての体系が整ってきたことは驚くべきことであり，そこにギリシァの栄光がいまも輝き続けている．

　歴史をひもといてみて思ったことは，天体の現象への関心がいかに強いものであったかということであり，またそれを幾何学的モデルで説明しようとしたギリシァの人たちの理性に対する深い信頼であった．『原論』はアリストテレスの考えにしたがうかのように，定義，公準からはじまる完全な学問体系として完成された形で提示されていたから，私たちは幾何学とは紙の上に描かれた図形の学であり，定規とコンパスを使って補助線や補助円をかき，その相互の関係を調べていく学問のことと思ってしまう．しかし天体の神秘的な動きを，紙の上の形に映そうとすると，そこには論理という明確な視点に立って，観測データと図形とを分析していかなくてはならなくなる．近世の天文学が観測データを力学法則に立って解析したように，ギリシァの人たちは幾何学に立って天文現象を解析したのである．

　プトレマイオスの「弦の表」は，トレミーの定理のような幾何学の結果を使って作られたが，得られた精密な弦の値は，建築や測量などを通して「地上の幾何学」に使われるものではなかった．静的なギリシァの世界観に支えられた『原論』の姿は，ヘレニズム時代を通して，ディオファントスやプトレマイオスの仕事に見るように，むしろ古代バビロニアに通ずるような動的な姿へ変わってきたのかもしれない．

　『原論』は近世に至るまで学問の完成された姿を示すものとして見上げられてきたが，プトレマイオスの『地理学大系』と『アルマゲスト』は，中世から近世のはじまるまで，数学の枠を越えて広い世界に大きな影響を与え続けてきたのである．

第19講

ヘレニズムのたそがれとアラビアの勃興

> ヨーロッパの歴史では，ギリシァのあとにローマが続いていくが，数学の歴史ではギリシァのあとにローマが続くことはなかった．ローマでは政治と文明が，絶え間ない戦いの中で動いていた．ギリシァ数学の流れは，アレクサンドリアの没落とともにひとまず途絶えたが，シリア・ヘレニズムとよばれる5世紀から7世紀にかけてのシリアにおける文化の高まりの中で，ギリシァの多くの哲学や数学の文献がシリア語に訳され，次の時代に引き継がれることになった．世界はムハンマドによってイスラーム教が創成されたことにより，大きく変わった．7世紀から8世紀にかけてイスラームは巨大な国家をつくった．この国の文化の中心となったのはアラビア人であった．その文化は形象ではなく，抽象が中心であったが，そこには何百年，何千年にもわたって砂漠を放浪していた民族の固有の姿があった．

ローマの盛衰

　文化の広い交流をもたらし，その後の世界に大きな影響を与えたヘレニズムも，ローマ帝国が地中海沿岸を蔽う広大な領域を支配下におさめたことによって，歴史の中に幕を閉じることになった．3世紀以降のキリスト教のひろがりと，さらにローマがギリシァの残した文化的遺産をほとんど継承することがなかったことも歴史の流れを変えたのである．

　ローマの歴史をかんたんにふり返っておこう．ローマは紀元前からイタリア半島中部に，数世紀にわたって小さな共同集落体をつくっていたが，紀元前4世紀

頃から勢力を拡大しはじめ，紀元前2世紀には地中海沿岸をほとんど制圧した．その後も領土の拡大を図り，紀元がはじまる頃には北はライン川，ドナウ川の線まで，東はティグリス川を越えてイランのあたりまで，また地中海東岸のシリア，ヨルダンさらにエジプトに及び一大帝国を築き上げた．シーザーは8年間におよぶガリアとの戦いに勝利をおさめてのち，アレクサンドリアへと転戦した．ここで有名なクレオパトラとの交際がはじまり，シーザーはアレクサンドリア市民を相手にして戦うことになった．このアレクサンドリアにおける戦いは紀元前48年から紀元前47年にかけてのものであった．アレクサンドリアの大図書館はこのとき戦火で焼かれたともいわれている．

　ローマは帝政がしかれてから，権力闘争が絶えず起き，政治，経済の退廃がはじまるようになり，一方北からゲルマン民族が大移動をはじめ，いろいろな異民族が侵入してくるようになった．この大帝国も395年東ローマ帝国と西ローマ帝国に分裂し，西ローマ帝国は476年に滅亡した．東ローマ帝国はコンスタンティノープルに首都をおき，ビザンティン帝国ともよばれた．ビザンティン帝国には，キリスト教美術を中心としたビザンティン文化の花が開いた．ビザンティンはギリシァ数学に全然関心がないわけではなかったが，新しい数学を興すようなことはなかった．バビロニア以来4000年も続いてきた数学は，西方ヨーロッパではこの時代になると忽然と消えてしまったような状況であった．

シリア・ヘレニズム

　シリアには，5世紀から7世紀にかけてシリア・ヘレニズムとよばれる時代があった．それはこの時代に，ギリシァ哲学，ギリシァ数学の多くがシリア語に訳され，シリアでギリシァ文化が残され，継承されていったことを指している．この動きは，ビザンティンを追われた異端キリスト教徒の多くが，ビザンティンで用いられていたギリシァ語を捨て，当時文化語であったシリア語を用いて，聖書や神学書，またギリシァ哲学の多くを訳したことによっている．そしてまた数学，天文学についてのいろいろな著作のシリア語訳もつくられた．現在のバスラの少し北にあるジュンディ・シャプールでは，サーサン朝ペルシァの啓蒙君主ホ

スロー一世アヌーシラワンによってアレクサンドリアに模した学芸都市がつくられた．ここでは医学，天文学，数学の研究が奨励され，アテネを追われた学者や，インドの学者も多く招かれ，ギリシァ，インド，ペルシァの文化が一体となったシリア・ヘレニズムが黄金時代を迎えた．

これがやがてアラビア文化へと継承されていくのである．

砂漠の民アラブ

やがて9世紀以降，アラビアで新しい数学が創造された．この数学は，シリア・ヘレニズムの流れを引き継ぐものだったのかもしれないが，それは本質的にギリシァ数学とまったく異なるものであった．

このアラビアの数学については以下の講で述べていくことにするが，それを理解するためには，茫漠と果てしなく広がる灼熱のアラビア砂漠の中で何百年，何千年と生き抜いてきた民族の姿を知っておく必要がある．

砂漠の民アラブは，長い間ベドウィンとして砂漠を漂泊し放牧の生活を送ってきた．アラビア砂漠においては，人間生活の単位は個人ではなく，部族であったため，部族間の抗争が絶えることはなかった．

ここでは少し長くなるが，井筒俊彦氏の著作集第2巻『イスラーム文化』（中央公論社）から引用させて頂く．『千夜一夜物語』はアラビアの形象から離れている．それはアラビア語の外衣を着たインドとペルシァの物語文学にすぎない，と述べられたあとで次のような文章が続く．

> 沙漠のアラビア人はもっとはげしい現実主義者だ．彼らは現実の世界から一歩たりとも外へ踏み出すことを頑として承知しない．夢の世界も形而上的世界も彼らには存在しない．現実とはここでは感覚と知覚の世界を意味する．そのかわり，この現実の世界に在るかぎり彼らは王者だ．ベドウィンは実に驚くべき感覚の持主であった．彼らの現実意識の唯一の支柱は感覚や知覚であり，それ以外に何物もなかったが，またそれだけに彼らの感性的認識能力は，今の我々から見ると人間のものとは思われないほどの鋭さをもっていた．

しかし考えてみれば，彼らの感覚の鋭さ，特に視覚と聴覚の異常な発達に何の不思議もありはしない．鋭敏な感覚をもたないで，どうしてあの生活環境に生存して行かれよう．灼熱の太陽に焼ける，涯のない砂漠に漂白の旅を続けるこの遊牧の民が，もし遙か遠方にしたたる水音を聞きつけ，遙か彼方に仄(ほの)かにうごめく動物の姿を発見し，あるいはまた地平線に巻起る砂塵を見て直ちにその場で敵の陣形まで察知できないようでは，彼らは忽ちに飲食に窮し，異部族に不意を打たれて絶滅するよりほかはないのだ．昔，古代ギリシァのアテナイの都では「美しく善い」（kalos kagathos）ということが人間の理想像であったが，此処，アラビア砂漠の只中では「眼光射るごとく耳敏き」男が理想的人間であった．

ムハンマドとイスラーム帝国の誕生

イスラーム教の創始者ムハンマドは570年頃アラビア半島のメッカに生まれた．メッカは紅海から砂漠を越えてイラクへ向かう隊商たちが必ず通る豊かな町であった．ムハンマドは40歳くらいまで商人であったが，ある夜強い啓示を受け預言者となって，唯一の神アッラーを信ずるイスラーム教を興した．8年間の戦いの末，メッカを征服し，そこにあったカーバ神殿の偶像をすべて破壊し，アラビアはムハンマドのものとなった．ムハンマドによって興された宗教をイスラームという．

その後「聖戦(ジハード)」の名のもとで，イスラームの軍隊は宗教を広げるとともに，その版図も広げ，まず中近東の多神教の国々を，次にシリア，エジプトをビザンティンからもぎとって，西に向かっては北アフリカを直ちに手中におさめ，711年にはついにスペインに侵入し，その勢いで719年にはこの軍隊はピレネー山脈を越えて南フランスへと入っていったが，732年にトゥールでシャルル・マルテルとの戦いに敗れ，フランスから撤退した．もしここで敗れなければ，海を越えてイングランドまで渡る勢いであった．

一方，667年から東方へも進攻をはじめ，中央アジアからサマルカンドまで勢力を広げ，イスラーム国家は東西にまたがる世界国家となった（図47）．

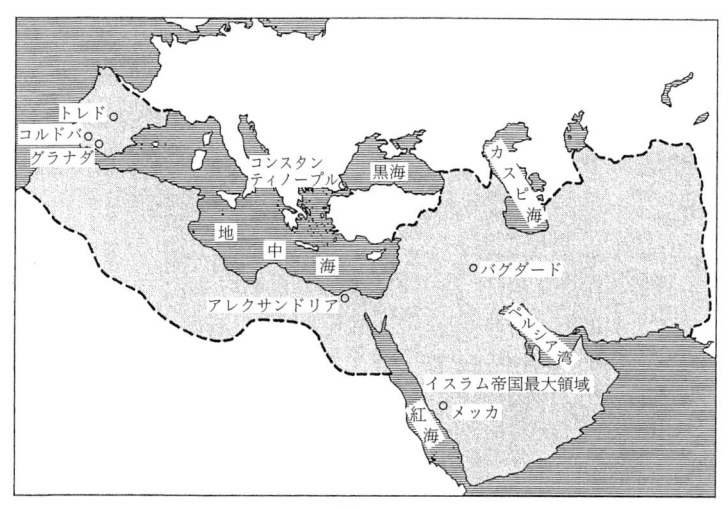

第19講　ヘレニズムのたそがれとアラビアの勃興

図 47

　ムハンマドの後継者たちは，首都をダマスカスにおいたが，この巨大な版図をどのように統治していくかという困難な問題が生じてきて，国はカリフが統御するいくつかの地域へと分かれていった．8世紀半ばになると戦いは終り，多くの富がこの国のオリエント地帯に流れこみ，蓄積されるようになった．

　この広いイスラーム帝国にはさまざまに異なる歴史や文化をもつ国が多く含まれていた．イスラームはやがて大国としての寛容を示し，必ずしもイスラームに改宗していなくとも，文化に貢献する人たちを積極的に受け入れていくようになった．ここにイスラームのヘレニズム運動というべきものが起きてきたのである．

　数学ではこのとき，インドから10進法が入ってきて新しい動きがはじまった．

Tea Time

　歴史を学校で習っていたときや，折にふれ読書の楽しみとしてあれこれ歴史の本を眺めていたときには，たとえばギリシァ，ローマが繁栄を誇っていたとき，一方では，まるで時間の流れを越えたように，アラビアの砂漠に長い歳月ベドウィンが漂泊の日々を送っていたことなど思ってみることもなかった．しかしやが

てその砂漠の民がイスラーム帝国を築いていくことになる．ここには何か歴史の摂理とでもいうべき，大きな時間の流れを感ずる．

　アラビアの砂漠については，映画やテレビを通して見たことはあるが，大きく波打つように見渡す限り広漠として広がる砂漠の景色に，同じ地上にこのような場所があるのかと思った．ひとたび砂嵐が起きれば地形も変わってしまう．砂漠の中には形あるものが一切ないのである．ベドウィンは砂漠の中に木片や石などを見つけると，それを神のように敬ったという話をどこかの本で読んだことを覚えている．

　砂漠には，形というものがないのだから，ものを測るなどということもなかったのだろう．したがってまた身近な生活の中で幾何学的な考えを必要とすることなどなかった．私たち日本人のように豊かな四季の移り変わりの中で，さまざまな景色を眺めてきたものとは，そこにはまったく別の文化が育っていったに違いない．アラビアやイスラームの文化の深淵にあるものを，私たち日本人が覗きこむことは大変難しいことなのかもしれない．

第20講
アラビアの目覚め

> イスラーム帝国の版図が定まってくると，二人の名君が現われ，アラビア文化の発展に力をそそぐようになった．バグダードに「知恵の館」がつくられた．これはアレクサンドリアのムセイオンにくらべられるほど大規模なもので，ギリシャ，オリエント，インドなどからのさまざまな文献や，知識や，学問がアラビアに流れこんでくるようになった．この中には，インドにおける「0の発見」と，10進法とがあった．この記数法の有用さは，アラビアではやがて広く認められ，人々の日常の計算にも使われるようになった．

アラビア・ルネッサンス

イスラーム帝国に，749年アブル=アッバースがカリフとなり，ここに新たにアッバース王朝が開かれた．アッバース革命とよばれる新しい転機がイスラームに訪れたのである．この王朝には政治的中枢にもペルシャ人が加わっていたが，ペルシャにはアレクサンダーの東征以来，ギリシャ文化へ向けての志向が強まっており，そのためギリシャ文化の研究がイスラームの中でも急速に勃興した．そして762年に，バビロニア時代から「バグ=ダ=ドウ」（神の国）とよばれたバグダードに首都を定めた．そしてこの新しい首都にシリア・ヘレニズムの中心であったジュンディ・シャプールから多くの学者が招かれた．彼らはギリシャ科学をバグダードに導入することに全力を尽くしたのである．

786年に，一代の名君ハールーン・アッ=ラシード（763-806）がカリフとなる

と，科学と文芸のアラビア史上最大の保護者となり，文化の花が開いたのである．そして単にシリアだけでなく，アレクサンドリアに残されていた文献や，さらにビザンティンの人たちが集めた文献や資料などがアラビア語に翻訳された．数学書でいえば，十分に数学の知識をもったシリア出身の人たちがこの翻訳作業に多く携わっていた．この過程で，眠ったまま保存されていたアレクサンドリアの手稿なども翻訳されてきた．

翻訳という作業が，文化の継承にとって絶対必要なものであることが，この時代，バグダードでははっきりと自覚されたのである．このようにして古代文化のアラビア・ルネッサンスがはじまったのである．

■ 日本でも，奈良時代に多くの書が中国から漢籍として入り，平安の王朝文化に取り入れられたし，また明治時代には，多くの外国の書物が翻訳，翻案され，近代文明の幕を開くことになった．書物の移入や翻訳ということは一国の文化の方向を決める大きな事業なのである．

なお，このルネッサンスの影響が及ぶ範囲は，アラビア語を理解する人たちの住む広い地域であった．そのため，アラビア・ルネッサンスといい，また同じ意味でアラビア数学とか，アラビア科学のようにアラビアという言葉を用いることにする．

知恵の館

ハールーン・アッ=ラシードの息子で，第7代のカリフとなったアル=マアムーンも高い教養を身につけた文化人であった．彼はバグダードとダマスカスの近郊に天文台をもち，緯度の測定には自らも参加した．

彼は830年にバグダードに「知恵の館」(Bayt al-Hikma) と称する研究所をつくり，そこに多くの学者，文人を集めた．この研究所はおそらくアレクサンドリアの図書館「ムセイオン」の建設以来のもっとも大きな研究機関であった．シリア語，ギリシャ語からアラビア語への翻訳が積極的に行なわれた．そこには，1つの帝国の建設という大きな理想があったに違いない．「知恵の館」は一時閉鎖されたこともあったが，200年ほど存続したのである．

数学についていえば，シリア語を経由せず，ほとんどすべてギリシァ語からの直接の翻訳であった．当時の研究家たちは，数学の古い手稿を求めて自分で足を運んでいた．また修道院や図書館を探索するために，ビザンティンへ向かった公式の使節団についていくこともあった．

■ このこともまた日本で空海など多くの僧が遣唐使とともに仏典を求めに唐へ渡ったことを思い起させる．

インド（ヒンズー）の10進法

私たちは1, 2, 3, 4, 5, 6, 7, 8, 9と0の10個の数字を使ってどんな大きな数も表わすことができる．これを10進法という．10進法はインドで生まれたのだが，実はその成り立ちはあまりはっきりしない．特に「0の発見」は，もっとも重要な発見であったといわれているが，0がどのような考えから生まれてきたかを文献でたどることは難しいようである．

中国では古くから壹，拾，百，千，萬，…のように10の巾で累進していく数体系が用いられていた．インドでも5世紀から6世紀はじめにかけてアリアバーターが，たとえば9871を，9T8H7Te1のように位取りを数のあとにサンスクリットの子音をつけることで表わすような表記をしていた．ここでTは1000の位，Hは100の位，Teは10の位を表わしている．しだいに，この間の位取りを示す文字が消えてきて，数字だけを並べるようになってきた．このインドの記法は，中国の算盤で数が各桁の珠の数として表わされていることから示唆を得たものでないかと考えられている．

662年にシリアの聖職者セウェルス・セーボーフトが著わしたものの中に，「インドでは9つの数だけでする便利な計算法がある」とかかれている．しかしここには0については何もかかれていない．7世紀頃かかれたと推定される北インドで発見された文書の中にゼロを点・として表わしたものがある．この・をマルとして表わした文書は，718年に中国皇帝に仕えていたインドの学者がまとめた中国の天文学の書の中に見出すことができる．いずれにせよ，7世紀にはインドに10進法が存在し，8世紀までにはそれは十分完成していたと考えられる．

このインドの10進表記の数体系は，7世紀半ばまでには少くともシリアにまでは広がってきていた．

イスラームにおける10進表記

773年にバグダードのアル゠マンスールの宮殿を訪れたインドの学者が，インドの天文学書をカリフに献上した．カリフは直ちにこの書をアラビア語に訳すように命じた．この書の中には，インドの天文学だけでなくて，ヒンズーの10進法の数体系も示されていた．

イスラームでは，もともと市場の商人たちは数の計算は暗算か指を使って計算しており，数はアラビア文字によって表わされていた．分数はバビロニア式の60進法を用いていた．しかしインドからイスラームへと伝わってきたヒンズーの数体系は，徐々にではあるが確実にアラビアに浸透していった．しかしこの数を用いる計算は，砂を撒いた盤の上でなされ，一度の演算ごとに消されていた．

ヒンズーの数体系に関するもっとも初期のテキストは，「知恵の館」のメンバーであったアル゠フワーリズミー（780-850）によって著された『インドの方法による加法と減法の本』である．この原本は存在していない．ヨーロッパで刊行された12世紀のラテン語訳では，ゼロはマルで書かれている．アル゠フワーリズミーは，この数体系を用いての四則演算のアルゴリズム，2倍，平方，平方根に関するアルゴリズムと，その使用例を示している．このアル゠フワーリズミーの仕事は，後にヨーロッパに伝わり，ヨーロッパに10進法を広げる基盤を与えることになった．これは10進法を用いる算術の基礎を与えた最初の古典である．

952年にダマスカスでアル゠ウクリーディスィーによって書かれた『ヒンズー算術に関する数章の本』の中では，ヒンズーの数体系が優れている点を彼ははっきりと次のように述べている．

> 代書人たちはそれ（インド方式）を用いるべきだと思う．その理由は，それはやさしく，速く，細かい気配りなどしなくてよく，答はすぐに得られ，手の間を眺めなければならない仕事で気ぜわしいときも，計算にあまり心をとられることもないし，話す必要があるときもそれは彼の仕事を邪魔すること

もない．その上，それをそのままにしてほかのことにかかわったとしても，もとの仕事に戻ったときは前と同じままの形で残っており，記憶しておく苦労もないし，ほかのことでいっぱいになっている頭をそこに止めておく必要もない．こんなことは，指を折って計算したり，ほかの器具を使って計算するようなときには望むべくもないことである．計算する人たちも，大きすぎて手が使えないような数に対しては，それ（インド方式）を用いなくてはならない．

Tea Time

アラビアの数学がどのように展開していったかについては次講から述べることにするが，ここでは 2, 3 のトピックスを話しておこう．

イスラームの学者たちは，ゼロを点か，小さいマルで表わしたが，このマルのことを彼らは「シフル」Sifr とよんだ．シフルとは空虚なものということを意味するアラビア語である．このシフルがラテン語の「ゼフィルム」Zephyrum となり，これからのちに「ゼロ」Zero というイタリア語が生まれた．英語にはゼロのほか，直接アラビア語のシフルからきた「サイファー」Cipher という単語も残っている．

イスラームの学者たちは，数というものに大変興味をそそられ，難しい数学パズルを出しあって暇をつぶしていた．魔法陣（碁盤状に数字を並べて，縦，横，対角線の和を等しくしたもの）を発明したのも彼らであった．

アラビアの科学は，包括的で普遍的なものであった．宇宙についての知識のことを，アラビア語では「ファルサファ」というが，この言葉は「知を愛する」という意味をもつギリシャ語の「フィロソフィア」からきている．ファルサファは，宇宙についての実に遠大な概念であって，人間の把握しうるすべての知識がそこに含まれている．世界を総合的に知ろうとするのだから，その研究対象は医学や自然科学だけでなく，哲学や神学や錬金術にまで及んでいた．

このように全世界を理解しようとすると，専門的な領域にとどまるだけでなく，ひとりの学者が，医学，化学，天文学，数学，論理学，形而上学，さらに音楽や詩などにも関与するようなこともあったのである．そしてこのような学者

が，イスラーム世界の多くの都市の知的な雰囲気を盛り上げていくことになった．

第21講

代数学の誕生

> アラビアで新しく生まれた数学は代数学である．代数学は，アル=フワーリズミーの著わした一冊の本から誕生した．ここでは方程式とは，2つの式の等しい関係を表わすものであることが明確にされている．2次方程式までの解き方を，いくつかの場合に分類し，それぞれは移項の原理と，同類項をまとめる原理によって解かれることを示した．アル=フワーリズミーのこの本は，柔らかく平明にかかれている．ここにアル=フワーリズミーという人の豊かな溢れるような才能を感ずることができる．『原論』がギリシァ数学のゴールとして完成された形でかかれているのとは対照的に，ここには生まれたばかりの代数の姿を見ることができる．

アル=フワーリズミー

　アル=フワーリズミー（850年頃没）は代数学の創始者として有名である．彼，あるいは彼の先祖は，いまはウズベキスタンとトルクメニスタンに属するアラル海（カスピ海の少し東に位置する）の南部の人で，ペルシァ系ではなかったかと考えられている．アル=フワーリズミーは「知恵の館」のメンバーであり，数学者であると同時に天文学者，地理学者でもあった．彼は数学以外の著作としては『フワーリズミー・ジージュ（天文表）』，『地理』などをかいているが，アラビア語の原典は失われた．しかしこの内容については12世紀以降のラテン語の翻訳を通して一部を知ることができる．

　なお前に述べた『インドの方法による加法と減法の本』の12世紀のラテン語

訳は，'Dixit Algorithmi'（アル=フワーリズミーは述べた）という言葉にはじまっている．これから現在数の算法を一般的に表わすアルゴリズムという言葉が生まれたのである．

代数学の誕生

　アル=フワーリズミーは，代数学を誕生させた人として数学史上に不朽の名を残している．それは彼の一冊の本
　　　　　　　『アル=ジャブルとアル=ムカーバラの計算』
によっている．

　これは，ジャブルとムカーバラを使って未知数（量）を求める学問のことについて述べたものである．ジャブルもムカーバラも，方程式を解くための操作を表わしており，いまの言葉で述べれば，ジャブルとは「方程式の両辺に等しいものを加えて負の項を消去すること」であり，ムカーバラは「方程式の両辺にある，同類項を消去すること」である．

　■ なお，このアル=ジャブルから，英語で代数を表わす algebra という語が生まれている．

　ここに述べられていることを，かりに「ジャブルの学」として引用していくことにしよう．

　ジャブルの学では，3つの量が扱われた．現代的にいえば，2次の量，1次の量，0次の量である．2次の量はマール（アラビア語で財産のこと），1次の量はジズル（根のこと），0次の量は数とよんでいる．数はすべて正の数である．0次の量は貨幣単位の「ディルハマ」や「ディーナール」と表わされることが多い．

　フワーリズミーは，記号を使わずにすべて言葉で表わした．そのような1つの例はあとで述べる．

　フワーリズミーは，これらの3つの量の関係は，次の6つの標準形の方程式のどれかに還元されることを示しその解き方を述べた．

1. マールがジズルに等しい（$ax^2 = bx$）
2. マールが数に等しい（$ax^2 = c$）

3. ジズルが数に等しい（$bx=c$）
4. マールとジズルの和が数に等しい（$ax^2+bx=c$）
5. マールと数の和がジズルに等しい（$ax^2+c=bx$）
6. ジズルと数の和がマールに等しい（$bx+c=ax^2$）

フワーリズミーは，まずいろいろな具体的な問題で実際にその解き方を述べた上で，最後に幾何学的にそのような解法の根拠を示している．

その問題の提示と論述の仕方を1つの例で示しておこう．「『数に等しい，マールとジズル』とは，たとえば『39ディルハムに等しい，1個のマールとそのジズル（根）10個』というようなものである．その意味は『どんなマールに10個のジズルを加えたら，全体として39になるか？』ということである．すると，その解法は，ジズル（の個数）を半分にすることである．この問題では，それは5である．そして，それを自身にかける．すると25になる．それをかの39に加える．すると64になる．そこで，その根をとる．それは8である．そこからジズル（の個数）の半分すなわち5を引く．すると3が残る．それが求めるマールのジズル（根）であり，マールは9である．」

■ ここでいっていることを式を使ってかくと次のようになる．
$$x^2+10x=39$$
これを解くためにxの係数10を5にかえてみる．$5^2=25$である．両辺に25を加える．そうすると
$$(x+5)^2=39+25=64, \quad \sqrt{64}=8$$
である．
$$(x+5)^2=8^2, \quad x+5=8, \quad x=3$$
が求められる．x^2は9である．

このようにして$x^2+10x=39$が解ける理由について，フワーリズミーは図を使って次のように説明している（以下の説明は原文のままではない）．

まずxを1辺とする正方形をつくる（図48.1）．この各辺上に他の1辺が$\frac{10}{4}=2\frac{1}{2}$であるような長方形をつける（図48.2）．図48.2の図形の面積は，
$$x^2+4\times 2\frac{1}{2}\times x=x^2+10x$$
であり，これは39である．この四隅に，1辺が$2\frac{1}{2}$である正方形をつけると，

図 48.1　　　図 48.2　　　図 48.3

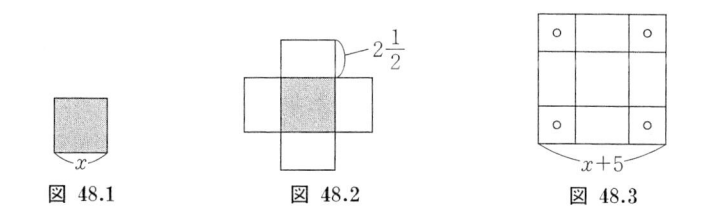

新しい正方形ができる（図 48.3）．ここで○をつけてある 4 つの正方形の面積の和は

$$4 \times 2\frac{1}{2} \times 2\frac{1}{2} = 25$$

である．したがって図 48.3 の正方形の面積は

$$39 + 25 = 64$$

となる．一方，この正方形の 1 辺の長さは

$$x + 2\frac{1}{2} + 2\frac{1}{2} = x + 5$$

である．したがって

$$(x+5)^2 = 64$$

これから $x+5=8$, $x=3$ がわかる．

アラビアと代数

　アラビアで生まれた代数は，数の演算の中にある規則性に注目して，それを一般的な枠組みの中で捉え，そこからさらに新しい枠組みを見出していくものであり，その過程でしだいに複雑な方程式を解くようになっていくのであるが，それはギリシァ数学とまったく異質なものであった．

　第 7 講の中の「文化の枠組み」の中で触れたポッパーの言葉が示すように，アラビア民族の中に長い間隠され蓄積されていた内的構造体が，ムハンマドの出現以来，イスラーム世界の広がりの中で，さまざまな文化と触れ合い，その内的なエネルギーが噴出してアラビアの文化をつくったのである．そのひとつとして数

学では，代数が生まれたと考えてよいのだろう．この背景にあった文化は，ギリシァのように形相というものを通して育てられたものではなかった．

アラビアの文化は，いわば砂漠の中から生まれてきたものであり，形のない世界としての全宇宙の中から抽象して得られたものだったのではなかろうか．もっとも抽象するとは，「象」(姿，形)から理念的なものを抽出する働きだが，アラビアには本来，「象」というものはなかったのだから，抽象という言葉を字義通り使うことも適切でないのかもしれない．アラビアの芸術の中でもっとも盛んだったのは，彫刻や絵画のような具象的なものではなく書道だったそうである (Tea Time 参照)．

アラビアの数学者が最初にギリシァ数学に接したとき，「証明する」とは何のことか，よくわからなかったそうである．実際，アラビアの数学者が関心をもったアルゴリズムのプロセスの中では，1つの段階から次の段階へ移る過程が重要であり，それは等号の関係を保ちながら進んでいく．幾何学のように，証明すべき命題がまず提示され，問題の全体像が示された上でそれを論証によって少しずつ解き明かしていくということはないのである．フワーリズミーの本の中では，上に述べたように2次方程式を解くプロセスが図を用いて示されているが，これは彼が，証明するということは図を用いて明示することではないかと考えたのかもしれない，と推測している人もいる．しかしこのあと50年ほどたってアラビアの数学者たちは，2次方程式の解法の基礎づけは，ユークリッドの『原論』に戻って幾何学的に行なうべきだと考えるようになった．

ギリシァ文化は，幾何学という具象の数学を体系づけたが，アラビア文化は，ある意味ではその対象となるものが捉え難い，代数という広漠とした分野を数学の中に位置づけたのである．対象が明確化されないところに，逆に代数は動的に動きはじめたのである．

Tea Time

古代ギリシァの文化については，私たちはギリシァ神話，ギリシァ悲劇，彫刻や美術，またプラトンの著作などを通して，ごく親しい感じをもっているが，それよりあとに現われたアラビアの文化についてはあまり知らず，また近づく機会

も少ないようである．それは近世から近代にかけて，ヨーロッパが古代ギリシァに向けて強い憧憬と親近感をもっていたためか，あるいはキリスト教とイスラーム教との強い対立が続いてきたためか，私にはよくわからない．

今回，この講をかくにあたって，私はイスラームのことをはじめて少し調べてみた．

イスラームでは8世紀になって，偶像崇拝へのおそれから，宗教美術において，すべての人間，すべての動物の形を描くことを禁止した．そのため装飾美術では，さまざまな意匠の考案に力が注がれるようになり，その中にはペルシァ絨緞(じゅうたん)の中にも織りこまれているアラベスク（唐草模様）などもある．特にアラビア語は，神がムハンマドに啓示を与える際に使った神聖な言葉だから，アラビア文字で神の言葉を綴ったものは，最高の装飾とみなされたのである．このため流麗な草書体で書かれたコーランの章句がモスクの壁を飾った．織物，陶器，金属製品など，宗教に直接関係のないものにも処世訓，コーランの語句などが刻まれていた．

このようなアラビアの文化は，その後ヨーロッパへと十分継承されることはなかったようである．しかし数学についていえば，ギリシァ数学の頂点に立つ『原論』は，ヨーロッパ中世においては，キリスト神学における世界像と結びつき，その権威は十分認められたとしても，その内容についてはほとんど顧みられることはなかった．それに対して，ヨーロッパで商業経済が活発になるにつれ，関心がもたれるようになったのは，数の実際的な取扱いの方法であり，また演算の学としてのアラビアで生まれた代数であった．ヨーロッパで少しずつ胎動をはじめたのは，具象的な幾何学ではなく，抽象的な代数学だったのである．抽象的な数学が育っていくためには，数学内部に，ある動的な動機というべきものが見出され，それが働き出していかなくてはならない．アラビア数学はそのときとるべき方向を西欧社会に示唆したのである．

第22講

代数学の進展

> 代数学はアラビアにおいて急速に発達していった．それは砂漠の民であったアラビアが，イスラーム国家の誕生により，広い世界の文化的枠組みと接触することになり，固有の文化的基盤が突然顕在化した1つの現われとみることができるのかもしれない．解くべき方程式は，もはや実用から生じてきたものでもないし，それを解くことによって何かがわかるというものでもなかった．アラビアの数学者たちは，数のパズルを考えるときや，魔法陣をつくるときの楽しみに近いものを，方程式を解くことの中に見出していたのかもしれない．代数学は，ギリシァ数学のように，論理や哲学を後に重く背負うことはなかったのである．

アブ=カミール

アル=フワーリズミーのあと，アラビアの代数学は進展を続けた．

エジプトで生まれたアブ=カミールは，900年頃カイロで『移項及び同類項簡約についての書』を著わしたが，これはフワーリズミーのあとにかかれた代数的著作としては最初のものではなかったかと考えられている．ここでは2次方程式を解くことが論じられているが，扱われているものはフワーリズミーのものより，はるかに複雑になっている．この中ではたとえば「10を2つの部分にわけ，1つを$10-x$，もう1つをxとし，$10-x$を2つかけたものと，xを$\sqrt{8}$倍したものの差が40になったときのxの値を求めよ」という問題も載っている．すなわち

$$(10-x)(10-x)-\sqrt{8}\,x=40$$

を解くのであるが，彼はこの答として

$$x=10+\sqrt{2}-\sqrt{42+\sqrt{180}}$$

を求めている．

また

$$\left(\frac{x}{10-x}\right)^2-\left(\frac{10-x}{x}\right)^2=2$$

という方程式も解いている．このため

$$y=\frac{10-x}{x}$$

とおいて，未知数を x から y へと変えて

$$\frac{1}{y^2}=y^2+2$$

とする．これから $(y^2)^2+2y^2=1$ として，y^2 についての 2 次方程式を解いて $y=\sqrt{\sqrt{2}-1}$ がわかる．最後に

$$\frac{10-x}{x}=\sqrt{\sqrt{2}-1}$$

から

$$x=10+\sqrt{50}-\sqrt{50+\sqrt{20000}-\sqrt{5000}}$$

を得ている．

これを見ると，代数学の進歩がいかに速かったかがわかる．

アル=カラージ

　アル=カラージは，1000 年頃バグダードで活躍していたという以外には，その生涯についてはほとんど知られていない．彼は多くの数学書をかいたが，その中には『アル・ファカリー』（驚くべきこと）と題された代数の著書もあった．ここで，未知数を既知数から決定する方法を求めるために，算術で用いられている数の演算を，未知数の演算に対しても適用することにした．こうして未知数 x

に対して，どんな自然数 n に対しても，巾 x^n を次のように帰納的に（もちろん巾の記号を使っているわけでなく，すべて言葉でいい表わされている）
$$1:x=x:x^2=x^2:x^3=\cdots$$
として導入した．

このことはこれまで 2 乗は面積，3 乗は体積を表わすとした幾何学的な量の立場を離れて，演算が数と文字を通して抽象的に自立して働きはじめたことを示している．たとえば $2+3x^4+8x^5$ に幾何学的な意味を見出すことはできないのである．

また，$\dfrac{1}{x^n}(n=1,2,\cdots)$ も同じように
$$\frac{1}{x}:\frac{1}{x^2}=\frac{1}{x^2}:\frac{1}{x^3}=\frac{1}{x^3}:\frac{1}{x^4}=\cdots$$
として導入した．そして x についての単項式や，多項式も考えた．

根号の入った演算に対しても
$$\sqrt{A+B}=\sqrt{\frac{A+\sqrt{A^2-B^2}}{2}}+\sqrt{\frac{A-\sqrt{A^2-B^2}}{2}}$$
$$\sqrt[3]{A}+\sqrt[3]{B}=\sqrt[3]{3\sqrt[3]{A^2B}+3\sqrt[3]{AB^2}+A+B}$$
のような式を導いている．このような式は同時代の学者たちに新しい数学がはじまったことを感知させたことだろう．

この方向にはアル=サマワル（1123-1174）がいる．彼は巾のかけ算の規則 $x^m \cdot x^n = x^{m+n}$ を示し，多項式の演算も考えていた．アル=サマワルは，17 世紀になってパスカルが考えたパスカルの三角形を，すでに知っており，これを用いて $(a+b)^4$ や $(a+b)^5$ の展開式を示していた．

一方，アル=カラージは
$$1^3+2^3+\cdots+10^3=(1+2+\cdots+10)^2$$
を次のような帰納的な考えを使って求めている．

図 49 のように 1 辺が $1+2+\cdots+10$ に等しい正方形を考える．この正方形の面積を求めるために，網を掛けたカギ型の図形の面積を求めることからスタートする．このカギ型の図形は 1 辺が 10 の 2 つの長方形と，C を 1 つの頂点とする右上の正方形に分割されるから，この面積は

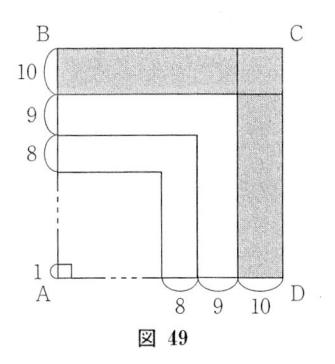

図 49

$$2\cdot 10\cdot(1+2+3\cdots+9)+10^2$$
$$=2\cdot 10\cdot\frac{9\cdot 10}{2}+10^2=9\cdot 10^2+10^2=10^3$$

となる．同様の考えで次々とカギ型の図形の面積を求めて，その和として正方形ABCDの面積を求めることにすると

$$(1+2+3+\cdots+10)^2=10^3+9^3+8^3+\cdots+1^3$$

となる．

オマール・カイヤム

オマール・カイヤムは1048年にイランに生まれた数学者であったが，イランの暦の改正に携わっていたこともあって，彼は数学に専心する時間を十分与えられなかったようである．このことを彼は著書『ルバイヤート』の序文で訴え，嘆いている．

オマール・カイヤムは3次方程式をいくつかのタイプに分類し，それらが解けるとき（正根をもつとき），そうでないとき，また解けるときの根の数などを調べた．彼の方法は，アラビア的というより，むしろギリシァ的な図形——円錐曲線——を用いるものであった．たとえば

$$x^3+cx=d$$

を調べるとき，この根が，円

$$\left(x-\frac{d}{2c}\right)^2+y^2=\left(\frac{d}{2c}\right)^2$$

と，放物線

$$x^2=\sqrt{c}\,y$$

の交点として与えられることから，この3次方程式が正根を1つもつことを示している．

アラビア数学の特質とその後の展開

　アラビア数学は代数学が中心であったが，アラビアには新しく生まれた学問を体系化し育てていくような動きはなかった．したがって，アラビア数学全体を俯瞰するような視点を見出すことは難しい．

　近年カイロ大学の教授としてその学風を広く敬慕されていたアフマド・アミーンは『イスラームの黎明』という本の中で次のようにかいている．

　　ベドウィンは物のまわりをぐるぐる廻ってみる．そしてそこに色彩燦然たる真珠の玉をいくつも，いくつも見つけ出す．けれどもこの美しい真珠の玉には，それらをつなぐ糸が通っていないのだ．

　アラビアの代数は，いわば広漠とした数学のまわりをぐるぐる廻ってみて，そこに数式と方程式という多くの美しい真珠の玉を見出した．そしてそれが代数学とよばれる新しい数学の分野を創ったのである．しかしそれは神学や哲学や幾何学などとはまったく異なる姿をしていた．代数学の中にはその根底におかれるべき学問としての理念や思想は見出しにくく，またその対象となるべき広がりもはっきりしない．体系として組み立てられていないので，1つ1つの定理をつなぐ糸が見えてこないのである．しかしこのアラビアの数学者たちが創造した代数学は，その後数学のあらゆるところに散って，そこに真珠のように色彩燦然と輝き，数学の発展を支えていくことになった．

　ギリシァ幾何学に，代数学の方法を導入して図形に対して新しい視点を与えたのは，17世紀のデカルトであった．18世紀には，オイラーは代数学の領域を無限級数を通して解析学の世界へと広げていった．関数を解析するのは微分，積分

と代数となったのである．それは代数のルネッサンスとよぶべきものであったが，その根底には代数を創造したアラビア民族の独自性があった．

Tea Time

　ここでは，数学のこととは少し離れた話題を記しておこう．

　ギリシァでは，パピルスによって巻子本がつくられていた．パピルスを横に貼り合わせて，1巻が6メートルほどの巻物としてつくられていた．1巻にかかれるのは，印刷本の約32頁分くらいである．パピルスは，エジプトの主要な輸出物であったが，その製法は3000年間ほとんど変わることがなかったため，高価なものであった．やがてパピルスは羊皮紙にかえられていくようになった．これについては歴史上のエピソードがある．

　ヘレニズムが小アジアの方に広がっていった頃，ペルガモン（トルコ西部，エーゲ海に面したところにあった都市）の王エウメネウス二世（在位期間，紀元前197-180）は，アレクサンドリアの図書館にくらべられるような，大図書館の建設を計画し，アレクサンドリア図書館にいた司書で文献学者であったアリストファネスを招こうとした．これに対してエジプト王プトレマイオス二世が怒って，アリストファネスを投獄し，パピルスの輸出を禁止してしまった．そこでエウメネウス二世は，やむなく牛や羊の皮を用いることを考え，これをなめしてチョークで仕上げる羊皮紙を使うことになった．これがローマに輸出され，ローマ文化に大きな影響を与えることになった．しかし羊皮紙が広く用いられるようになるにはこのあと数百年を要した．羊皮紙の方が，パピルスにくらべると安価であり，また前にかいたものを消して，新しい内容をかくこともできた．

　なお，ペルガモンの図書館は，アレクサンドリアの大図書館には及ばなかったが，20万冊の図書を集めた．

　中国ではすでに前漢の時代には，紙は発明されていたといわれている．樹皮，布，魚網などを利用して紙をつくる技術は，当初中国国外に伝わることはなかったが，イスラームが中央アジアでの戦いで唐を敗り，サマルカンドを征服したとき，イスラームへと入ってきた．サマルカンドはイスラームの学芸，文化，東西中継の商業の中心地として繁栄したのである．

793年にバグダードに最初に建てられた製紙工場は，やがて10世紀になるとカイロにも盛んにつくられるようになった．ヨーロッパで製紙工場がつくられたのはスペインで，1151年のことであったといわれている．パピルスの文明は，しだいに羊皮紙，紙の文明へとかわっていくのである．

第 23 講
アラビアの三角法

　アラビアでは，イスラーム教の教えにより，定められた時間にメッカへの方向に向けての礼拝が義務づけられて砂漠の中にあっても，時間とメッカの方向を知る必要があった．砂漠の民にとっては，星空は，毎日の生活の中でごく身近なものであったに違いない．天文観測の必要性は，三角関数の研究を促進させた．この講では，インドの天文学にも触れている．インドの天文学では，ヒッパルコスの影響の方が強かったが，5世紀頃から chord（弦の値）は，sin（半弦の値）へと変えられて用いられるようになった．そして精密な sin の数表がつくられた．この表の精度は，天文観測に要求される精密さはどのようなものであったかを物語っている．やがて 13 世紀になると，三角関数は天文学から切り離され，幾何学の図形の研究にも使われるようになる．

古代天文学のアラビアへの移入

　ムハンマドが現われる前に，すでにインドの天文学がアラビアに入っていて，556 年には『アル・アカンド』とよばれる，たぶんヒンズーの天文学を伝える書が，ペルシァ語で著わされていたという．また 6 世紀に編集されたペルシァの天文表『王の表』は，初期のアラビア天文学に大きな影響を与えた．イスラームの第 2 代のカリフ，アル=マンスールは，バグダードに都を定めるとき，遷都にあたって当時のすぐれた占星学者と天文学者に伺いを立てた．その天文学者のひとりであったアル=ファーザーリー（8 世紀後半）はインドの天文学書を翻訳して

いる．

　9世紀になると，名君ハールーン・アッ=ラシードは，ギリシァに向けて強い志向を抱いていたので，学者たちにギリシァの科学書を研究させ，シリア語訳されていたギリシァの古典をアラビア語に訳す仕事を積極的に勧めた．直接ギリシァ語の原典からアラビア語に訳されるものもあった．そこにはユークリッドの『原論』だけでなく，プトレマイオスの『アルマゲスト』も含まれており，アラビアにおける天文学と，それに必要な三角関数の研究を促進させることになった．

　アラビアにとって，天文学は重要な意味をもっていた．そこにはイスラーム教からの影響もあった．イスラーム教にはサラートとよばれる信仰義務があり，世界のどこにいても信者は1日5回（暁，正午，午後，日没後，夜），決められたしきたりにしたがってメッカに向けて礼拝し，また金曜日の正午には，各地のモスクに集って共同の礼拝を行なうことになっている．このため，ある地点でのメッカの方向を定めるため，球面三角法を用いる地理学が発達した．また旅先などで礼拝が行なえるように，太陽の高度や，天体現象から，おおよそのメッカの方向と時刻を知ることが求められ，このことが天文観測と三角法の研究を促進させる一因になったともいわれている．

インドの天文学と三角法

　インドの天文学についてかんたんに触れておこう．インドの天文学の歴史は古く，紀元前1000年頃からはじまったようである．インドにはプトレマイオスの天文学の体系より，はるか昔にギリシァから伝わったヒッパルコス（第18講参照）による影響の方がずっと伝えられてきたようである．ヒッパルコスがchordといって，円の中心角を測るのに弦の長さと弧の長さを比較したのに対し，インドでは5世紀頃から，半弦の長さと弧の長さの比（半径1にとると弧の長さはラジアンとなるから，これは実質的には sin である）に注目することになった（図50）．

　文献として残されているのはアールヤバタ（476-?）による天文学書『アール

図 50 (半弦, chord(2α), α, 2α)

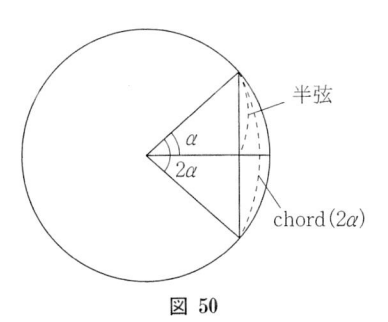

ヤバティーヤ』である．これは天文学と数学に関する事柄を短い叙事詩の形式で述べたものである．第 1 部には惑星の回転数や周転円の大きさなどの基本定数が与えられ，第 2 部には数学，第 3 部と第 4 部では暦法と球面天文学が論じられている．

インドの天文学では，天体は周転円的な運動が惹き起す神的なものによって前後に引き寄せられているだけであり，つねに同心的誘導円の上に乗っていると考えられていた．

正弦の表は，『シッダーンタ』とよばれる 4 世紀から 5 世紀にかかれた本と，『アールヤバティーヤ』にあるが，そこでは $90°$ を 24 等分して $3\frac{3}{4}°$ の目盛りで正弦の値が記されている．その精度は驚くほどよいもので，たとえばそこに記されている値を，現代のかき方に直してみると

$$\sin 7\frac{1}{2}° = 0.130599, \qquad \sin 11\frac{1}{4}° = 0.195171$$

となる．これを正確な値

$$\sin 7\frac{1}{2}° = 0.130526, \qquad \sin 11\frac{1}{4}° = 0.195090$$

と比べてみると，その精度がよくわかる．

アラビアの三角法

長い間，いまでいう三角関数として用いられていたのは，ヒッパルコスの

chord と，chord から生まれた sin だけであった．

■ sine という英語（記号では sin と表わす）は，サンスクリットの jyā-ardha (chord-half) の歴史的な誤訳である．アールヤバタは簡単にこれを jyā または同義語の jivā ということが多かった．この語がアラビア語に訳されるとき，発音だけを移して jiva としたが，アラビア語では母音なしで jb と表わされたから，これがのちに jaib として表わされるようになった．jaib は胸という意味もある．これが 12 世紀にラテン語で同じ意味をもつ sinus に訳された．なお sinus には湾とか入江という意味もある．これが sine となったのである．

9 世紀になると，アラビアでは tan, cot, sec, cosec が用いられるようになった．cos は 90° までの角 α に対して $\sin(90°-\alpha)=\cos\alpha$ として定義されていた．そして $\tan^2\alpha+1=\sec^2\alpha$ や $\tan\alpha=\dfrac{\sin\alpha}{\cos\alpha}$ のような三角関数の間の関係も明らかになってきた．

そのほか 10 世紀になると球面三角法についての研究も進むようになった．

アラビア中世の最大の学者といわれるアル＝ビールーニー（973-1050）は，アラル海の南で生まれたペルシァ人である．彼が著わした作品は 146 種に及ぶといわれ，その内容は，天文，数学，地理学，工学，医学，薬学，鉱物学，歴史，哲学，文学，占星学にまでわたっている．天文学書としては『マスラード宝典』があり，ここでは $\sin\alpha$ の表は 15′ ごとの目盛りで，60 進法で小数第 4 位まで（10 進法では小数第 7 位まで正しい値となる）記されている．アラビアの計算能力は驚くべき高さにまで達していたのである．

三角法は天文学と切り離せない形で長い間用いられてきた．精密な三角関数の表は，幾何学に使われるものではなく，天体を調べるためのものだった．

しかし，1260 年になると，アル＝トゥースィーは，三角法を天文学と切り離して幾何学に含めるようにした．それは数の演算であった算数が抽象化されて代数となったように，三角関数が天体観測から抽象化されて，ここでは逆に具体的な図形に働くようになったということである．

Tea Time

三角関数が天文観測から切り離されて，抽象的な 1 つの数学の概念として独立

してきたのは，すぐ上に述べたように13世紀になってからであったが，似たような思想上の転換は，天文学自体の中にも現われた．それは12世紀になって西イスラームのスペインで起きた．それまでのプトレマイオスによる離心円，周転円を使う幾何学的モデルによる天体現象の説明ではなくて，エウドクソスにより「同心天球説」——中心を同じくするいくつかの天球を組み合わせて，星の運動を説明する——に基づくアリストテレスの天文学が見直されてくるようになった．さらにこのような幾何学的モデルではなく，天体の実在化の観点が新たに生まれてきたのである．

これについて伊東俊太郎氏は『近代科学の源流』（中央公論社）の中で次のように述べられている．少し長いが引用させて頂く．

　プトレマイオスは『アルマゲスト』のなかで，「天球は純粋な幾何学的構成物で，現象を救うために仮定されたものにすぎない」とした．彼は，かくして，エウドクソス，プラトン以来の伝統に従った．しかしアラビアの天文学はこうした現象主義的考え方に対して，むしろアフロディシアスのアドラストスやスミュルナのテオンの伝統に従い，実在論的見地に立って天球を物理的実体として把えようとした．そこでは常に，天文学の役割は，物理的存在によって表わされる実在の諸局面を発見することであり，自然に対して単に仮設的に設定された数学的構成のつくりものを問題にするのではないとされた．こうした天球の実在化は，天文学を単なる数学から自然学へと転換するものとして，科学における天文学の意味や役割を大きく変えた．

　かくて古代・中世を通じて，天球を数学的な仮設的な構成物とする現象論的立場と，それを物理的存在だとする実在論的立場とが拮抗対立し，その争いは天球そのものが終局的に消滅してしまう十七世紀のケプラーのときまでつづいたのである．

このようにアラビア科学では，約600年間にわたる目ざましい発展の中で，古代から近世への移行を予感させるような変化が生じてきたのである．数学でいえば，それは静的なギリシァ数学から，動的な近世数学への過渡期にあたっていた．

第24講

アラビアの衰退と中世ヨーロッパの目覚め

一時は東西世界を蔽っていたイスラーム帝国も，9世紀頃からかげりが生じてきた．バグダードにおけるイスラームの文化的遺産もやがて完全に消滅してしまった．しかしイスラームがイベリア半島に進出してきていたことによって，12世紀になるとイスラームを通して古代文化の流れがヨーロッパにもたらされるようになった．イベリア半島には多くのユダヤ人がいた．これらの人たちを中心にして，イスラームがもちこんだ多くのギリシァ古典のアラビア語訳を通して，ラテン語への翻訳作業がはじまった．学問の流れは絶ちきられることはなかったのである．そしてそれは同時に長く暗かったヨーロッパに中世の夜明けを告げることになった．しかし実際はこれらのギリシァの文献が詳しく読まれ調べられるようになったのは17世紀以降のことである．

アラビアの衰退

9世紀中期のイスラーム帝国は，東はサマルカンドを含むアジア西域，イラン，イラクを含む地域，アラビア半島，エジプト，アフリカの地中海沿岸，イベリア半島にわたっていたが，これらの地域はバグダードにあるアッバース朝のほかに5つの独立した王朝によって支配されていた．しかしこれらの王朝の政治的な分裂や抗争は，文化的にはほとんど影響がなかった．

しかしイスラーム帝国を支配するこのような王朝の並立により，9世紀半ば頃からアッバース朝の衰退がはじまってきた．1055年，セルジューク・トルコは

バグダードに攻めこんだ．このあともカリフという支配者の地位は残されていたが，実権は失われており，このときからイスラーム帝国の崩壊がはじまった．

　1219年，中央アジアにいたモンゴル人がチンギス＝ハーンに率いられてイスラームに侵入し，1221年にはペルシァに到達した．この6年後チンギス＝ハーンは死んだが，1258年，モンゴル軍はバグダードを包囲し，ほとんど戦うこともなく，その占領に成功した．バグダードではこのとき無数の人々が虐殺され，カリフの宮殿は灰燼に帰し，カリフ自身も，一族のほとんどのものと一緒に殺された．

　このバグダードの陥落により，預言者ムハンマドによって誕生した世界でもっとも強力な国家で，またもっとも複雑な文化を統率してきた体制は崩壊してしまった．

　モンゴル軍の侵入に引き続き，小アジアのイスラームの土地は，さまざまなトルコ人部族によって侵略されることになった．やがてオスマン・トルコ帝国が誕生し，徐々に勢力を拡大し，1453年，ついにビザンティンの首都コンスタンティノープルを陥落させてしまった．古代から続いてきたオリエントを中心とする長い歴史の流れも，ここで終りを告げることになった．

スペインにおけるイスラーム

　イスラームは，7世紀末，北アフリカを西進して大西洋に達し，711年にジブラルタル海峡を渡って，現在スペイン，ポルトガルのあるイベリア半島に入った．スペインはそれまでゲルマン系の西ゴート王朝があったが，イスラームはこの王朝を倒し，北部を残してイベリア半島を支配した．11世紀からスペイン北部にカスティリア王国が生まれ，この勢いにおされてイスラームはしだいに南に追われ，グラナダに首都をおくグラナダ王国（ナスル朝）をつくった．グラナダは，アフリカや地中海との交易で栄えていた町であり，この王国はこのあと約500年存続していた．しかしついに1492年に陥落し，イスラームの歴史はここで幕を閉じたのである．

アラビアの学問と中世との接触

　イスラームがイベリア半島に進出してきたことによって，予想しなかった1つの新しい事態が生じてきた．それはアラビアにあったさまざまな学術的な文献が，スペインを通してヨーロッパに流れこみ，はじまったばかりの中世ヨーロッパに新しい光を投げかけたことである．

　アラビアにあった多くの自然科学や数学の文献をアラビア語からラテン語に翻訳する仕事が積極的にはじめられるようになったのである．

　この中心となったのがトレドであった．トレドはイベリア半島中部の都市で，1085年にイスラームの支配から脱したが，このときトレドの町はほとんど戦禍を蒙ることがなかったので，アラビアの学術文献の多くがこの町に残されていた．12世紀前半にこの地の大司教となったライムンドゥス一世が，ここにアラビア文献をラテン語に訳す学校を建てたが，これによって翻訳活動は活発に行なわれるようになった．当時トレドにはアラビア語を流暢に話せるユダヤ人たちが活発な社会活動をしていた．アラビア語で著わされたギリシァの古典をラテン語に訳すのは，大体2段階に分けて行なわれていた．まずユダヤ系の人たちによりアラビア語からスペイン語に，次にキリスト教系の学者たちによってスペイン語からラテン語に訳された．

　12世紀初頭の翻訳者としては，セビリャのファンとドミンゴ・グンディサルヴォがいる．ファンはユダヤ人であり，もとの名はたぶんソロモン・ベン・ダヴィドであると思われるが，キリスト教に改宗していた．グンディサルヴォは哲学者でキリスト教の神学者であった．彼らは数学書としてはアル=フワーリズミーの算術に関する著作を訳したが，そのほかにも多くの天文学に関する本や，医学や哲学に関するものも訳した．

　また同じ頃，イギリスに生まれたアデラードは，アラビア文化を研究するために，7年間もシチリアからパレスチナまで赴き，帰国後，アル=フワーリズミーの『天文表』をラテン語に訳した．アデラードのもっとも大きい功績は，ユークリッドの『原論』を初めてアラビア語からラテン語に訳したことであった．

　しかしこのような翻訳活動の中でもっとも活躍し，この時代の1つの象徴とも

なった人物はイタリアのクレモナに生まれたジェラルド（1114?-1187）であった．彼は最初はラテン語でかかれた学問を学んでいたが，まだ知られていなかったプトレマイオスの『アルマゲスト』を求めてトレドに赴き，そこにはあらゆる領域にわたるアラビアの学術書があることを知って，アラビア語を学んだ．1175年に『アルマゲスト』の翻訳を完成させた．73歳でトレドで没するまで，71種のアラビア語の書物をラテン語に訳した．その中には，アリストテレス，ユークリッド，アルキメデス，アポロニウス，（アレクサンドリアで『球面論』をかいた）メネラオス，プトレマイオス，アル=フワーリズミーの書物が含まれている．

このような動きは，文化の流れがイスラームからキリスト教国（ラテン文化圏）へと移行してきたことを意味している．ヨーロッパは，いわばイスラームを媒介として，ギリシァ文化にはじめて眼覚めたのである．この動きを「12世紀ルネッサンス」とよぶこともあるようである．

なお，この翻訳活動に携わったユダヤ人の貢献は，やがてスペインで起きたユダヤ人への大迫害により，報われることもなく，多くのユダヤ人がイベリア半島から追われていった．

Tea Time

ヨーロッパ中世は実際は10世紀からはじまるといわれている．10世紀のヨーロッパは厚く深い森に蔽われ，暗く多湿であり，その中で地方単位の生活が営まれていた．

ヨーロッパは12世紀になって，それまでの暗黒時代から脱却し，知的，社会的の両面のエネルギーが突然噴き出してきた．農村も，都市も，大聖堂も教会堂も，お城も大学もこの時代につくられた．近代科学のもととなっているともいわれるスコラ哲学もこの時代につくられた．ラテン語による学問文化の統一もはかられてきた．

12世紀には一方では1096年からはじまってほぼ200年間，数次にわたった十字軍の遠征も行なわれていた．これにより地中海貿易が盛んとなり，イタリアに繁栄をもたらすことになったが，それはヨーロッパに文明への開花を告げること

になったのだろう．一方，イベリア半島で起きた古代の学問の復活は，ヨーロッパの文化の根底に深く根をはっていくことになった．

　トレドでの翻訳活動に携わった人たちの熱情とでもいうべきものは，私には想像できないものがある．いま読んでも難解なアルキメデスやアポロニウスの原書を，翻訳することにどんな努力を必要としたのだろうか．また印刷技術のないこの時代に，式や図形のかかれた本が，どこでどのようにして写本され，少しずつ広がっていったのだろうか．『アルマゲスト』のような本は，その後天体観測などの必要性から中世ヨーロッパでも流布していったが，古代ギリシァの幾何学が中世ヨーロッパでさらに研究されることはなかったようである．実際は，数学という学問がヨーロッパ文化の中に融けこんで大きく育っていくためには17世紀まで待たなければならなかったのである．

第25講
中世イタリア都市の繁栄

> 十字軍の遠征により，ヨーロッパの眼はオリエントに向かって開かれるようになった．十字軍遠征の200年間に地中海貿易はイタリアを中心にして徐々に活発となり，イタリアの都市国家を豊かにし，そこに経済社会が築かれていくようになった．商取引きは国際的なものとなり，商人たちの間では，算術を学ぶこと，数字の取扱いになれることが必要なことになってきた．子弟の教育にも目が向けられ，学校が建てられるようになった．そしてそれまで使いなれていたローマ数字を使うか，少し大きな数に対しては表記の簡明さは明らかであったアラビア数字を使うかの選択の問題も生じてきた．

イタリアの商業都市

　ヨーロッパは西ローマ帝国滅亡後，さまざまな異民族の侵入と掠奪により，民族間の抗争が絶えず，また自然界の異常と侵略による土地の荒廃により度重なる飢饉に見舞われていた．さらに9世紀，10世紀にはイスラームによる地中海の完全制覇によって，オリエントや北アフリカの豊かな交易の道も絶えてしまい，暗黒の500年を過していた．

　しかし11世紀になると，異民族の侵入がやみ，ヨーロッパ各地に封建制度に基づく新しい国家が誕生してきた．地中海貿易が少しずつ行なわれるようになったが，これを飛躍的に盛んなものとし，ヨーロッパ社会の眼をオリエントに向けさせる契機となったのは，1096年からはじまり，1297年に終る6次にわたる十

字軍の遠征であった．これにより活発となった東西貿易によって，ヴェネツィア，ジェノバ，ピサ，フィレンツェなどのイタリアの諸都市が富を蓄積し，強力な都市国家として成長していくことになった．

中世経済の拡大

13世紀になるとイタリアを中心として，社会経済のようすが大きく変化してきた．オリエントとの交流だけではなく，ヨーロッパ内陸部との経済の交流も活発になってきた．信用貸しや，貨幣交換の手形，小切手による支払い，経理，簿記などのほとんどすべての銀行業務はこの時期にでき上った．もっともこのような金融組織は，すでに10世紀にイスラームでは複雑な貨幣制度を処理するために行なわれていた．

このように経済が活発に動き出してくると，商人たちは，読み書きや，算盤(アバクス)の知識が必要となり，それに対する教育の必要も生じてきた．

読み書き算盤[注]

アンリ・ピレンヌの『中世都市』の中で次のような記載がある．

> 12世紀の半ばになると，（フィレンツェの）市参事会は，古代の終焉以降におけるヨーロッパ最初の世俗学校である学校を，市民の子弟のためにつくることに熱心であった．…読み書きの知識は，商業を営む上に必要不可欠であるからして，もはや，聖職者身分に属する者だけが独占するものではなくなる．市民は，貴族にとっては日常欠くことのできないものであったが故に，貴族よりも先に読み書きの知識を身につけた．

ジョヴァンニ・ヴィッラーニの『年代記』，1338年から1339年の項には，フィレンツェの教育の状況が次のように述べられている．

注）この節をかくにあたっては，特に清水廣一郎『中世イタリア商人の世界』（平凡社ライブラリー）を参照させて頂いた．

読み書きを習っている男の子と女の子は 8000 人から 1 万人である．6 つの学校で算盤(アバクス)と算術を習っている男の子は，1000 人から 1200 人である．4 つの大学で文法と論理を学んでいるものは，550 人から 600 人である．

ここでの算盤(アバクス)とは，日本や中国のように，珠を上下させるものではない．それは表面に縦横の刻み目を入れた木や大理石の板，あるいはテーブルであった．その上に大理石やガラスなどで作ったクワルティルォーリという小さな玉をおいて計算するものであった．

ローマ数字とアラビア数字

ローマでは，ローマ数字とよばれる次のような表わし方で数を表わしていた．1 から 10 までの数はローマ数字では

I II III IV V VI VII VIII IX X

と表わされる．ローマ数字は，ローマにアルファベットが現われる前から使われていた．古代ローマでは 50 は ↘，100 は ○，500 は ⅮⅠ であった．後期ローマになると，

I V X L C D (I) ∞
1 5 10 50 100 500 1000

図 51 古代ローマ後期の数字

となり，さらにこれが

I V X L C D M
1 5 10 50 100 500 1000

となった．ローマ数字を使うと

1624 は MDCXXIV，   879 は DCCCLXXIX

と表わされる（なおこれは余談だが，現在使われている無限大の記号 ∞ は，1665 年にワリスがローマ後期の数字 1000 からヒントを得てつくったものといわれている）．

このようなローマ数字は，位取りがはっきりせず，また足したり，かけたりする演算にはまったく不向きであった．そのため商人の間では位取りをはっきりさ

第25講 中世イタリア都市の繁栄

せたり，足し算やかけ算をするために算盤が用いられたのである．

しかし次の講で述べるように，レオナルドがアラビア数字をイタリアに導入して，それが算術に適することがわかると，イタリア商人の間では割合早くからアラビア数字が使われるようになったが，はじめのうちは知識階層から排斥されていた．

ところが1299年になって，フィレンツェの商人は簿記の中にアラビア数字を記入することを厳禁された．ローマ数字か言葉か，どちらかでかくように命令されたのである．

その最大の理由は，当時はまだ印刷術が発明されておらず，手書きでかかれる数字の字体が確定していなかったことに最大の原因があったようである．それは下の図52の数字の移りかわりを見るとよくわかる．そのため，簿記にかかれた数字がごまかされたり，はっきりしなかったり，また0を1つ加えるだけで1桁

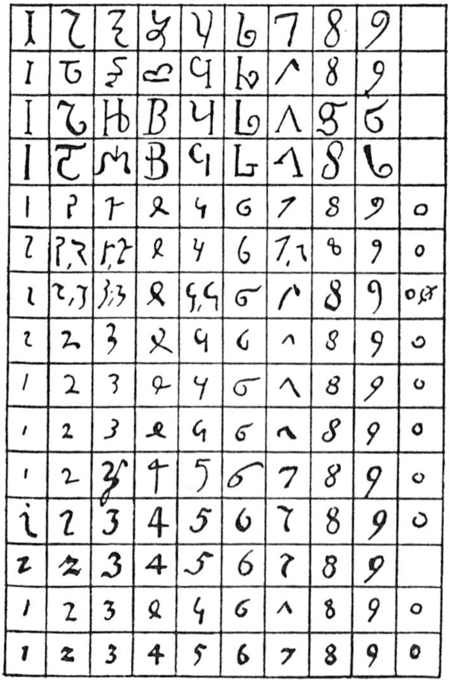

数字										出典
										スペインの古写本（976年）
										スイス・チューリッヒの文書（11世紀）
										ボエーティウスの手稿（11世紀）
										手書き本（12世紀はじめ）
										手書き本（18世紀はじめ）
										手書き本（1200年ごろ）
										手書き本（1303年ごろ）
										ラテン語の古写本—ベルリン（14世紀）
										サクロボスコの手稿（1442年）
										手書き本（1427〜1468年ごろ）
										ハイデンベルクの手書き本（15世紀）
										『哲学の精華』（1508年）
										ジュレールの手稿（1525年）
										レギオモンタヌスの数字（1474年）
										ヴィッドマンの印刷物数字（1489年）

図 52

上がるので，商取引の中で混乱や悪用が行なわれたのである．実際ギルドによっては，商取引の正常化のために，アラビア数字の使用を禁止したところもあった．しかし下書きの計算と検算には，アラビア数字が使われていた．

当時イタリアの貨幣制度は 12 進法，20 進法が入り乱れており，10 進表記を使うよりは，算盤を使って計算する方が実際上は適している面も多かったのである．当時の商業簿記を見ると日付けなどにはアラビア数字が使われているが，金額の方はローマ数字で記されている．

Tea Time

アラビア数字を使って筆算するためには，羊皮紙のような高価なものではなく，安価な紙が出回る必要があっただろう．金融が組織化され，流通が自由に行なわれるためにも紙の使用が前提となる．ヨーロッパでは紙は和紙のように植物繊維からではなく，麻と亜麻が材料としては主流だった．その技術はアフリカ経由で，1150 年頃スペインのザディバに伝わり，その後 1238 年にイタリアのファブリアーノ，さらに 1338 年にフランスのトロア，1389 年にドイツのニュルンベルクへと伝わっていった．イギリスへ伝わったのは 1490 年頃のことである．

私には紙のない生活など考えられないので，中世社会に紙の使用が広がっていったことが，どれだけ影響を及ぼしたのか，想像してみることさえ難しくなっている．それでもこれによって契約社会という考えがヨーロッパに根づいてきたことは想像できる．

なお，1400 年より少し前に木版技術が生まれ，本の複製はいままでのように手書きによる写本ではなくとも可能となってきた．グーテンベルクが印刷技術を発明し，最初に聖書を印刷したのは 1455 年のことである．

なお中世に起きたこととして，これが数学の流れの上にどのような影を落とすことになったかはわからないが，1347 年からはじまり，約半世紀間絶えなかった黒死病（ペスト）がヨーロッパの人口の 5 分の 1 から 3 分の 1 を奪いとり，中世の活力を失わせたことを付記しておこう．

第 26 講
算術と演算記号

> ピサのレオナルドは，フィボナッチともいわれている．レオナルドは，若いとき，エジプトやオリエントに旅したときに学んだ数学を，3 冊の著書として著わした．この中で特に『算術の書』が有名である．この書によってイタリアだけでなく，ヨーロッパの各国でも算術や数学に対する関心がしだいに高まってきた．この書には 10 進表記による計算法や，また多くの算術の問題とその解き方が示されている．『算術の書』には，どこか明るい雰囲気が漂っているように思われる．それは当時のイタリア社会の空気を反映しているのかもしれない．数が，広くいろいろのところで使われてくると，演算記号の簡易化と統一が望まれてくる．これもこの時代からはじまった．

ピサのレオナルド——フィボナッチ

イタリアの商業都市に入ってきた数学は，トレドで訳されたギリシャの数学ではなく，レオナルドによって伝えられたアラビアの「算術」と「代数」であり，それはイタリアの経済が活況を呈しはじめた 1200 年代前半のことである．

ピサのレオナルド (1170-1240) はフィボナッチともよばれている（彼は自分のことをフィボナッチとよんでいたが，それはボナッキオの息子 'filio Bonacci' のことである）．ピサの書記官であった彼の父は北アフリカのブジア（いまのブージー）で大きな商取引をしていた．レオナルドは若いときそこでアラビア語と，イスラームの教師から数学を学んだ．父のビジネスのためエジプト，シリア，ビザンティン，シチリア，南フランスなど地中海沿岸を回って，1200 年頃

ピサに戻った．それから25年間，それまで学んだものを総合して著わすという仕事に着手した．彼の著書は次の3つである．

1. 『算術の書』（原名は Liber abaci なので直訳すると『算盤の書』となるが，abaci は「計算する」ということなので，『算術の書』と訳されることが多い）
2. 『実用幾何学』
3. 『2次方程式の書』

『算術の書』は次の文章からはじまる．

　インドの9つの数字は9，8，7，6，5，4，3，2，1である．これら9つの数字と，アラビアでは「ゼフィルム」（cipher）とよばれる0を用いることにより，以下で示すようにすべての数を書くことができる（ここで1から9まで数字の配列が逆になっているが，これはアラビアでは右から左に書くので，それにならったものである）．

レオナルドはこれに続いて10進表記を説明し，それから自然数に対してこの表わし方を用いて四則演算がどのように行なわれるか，また分母が共通の分数に対する四則演算の仕方を説明している．

この本は次のような15章からなっている．

1．インドの9つの数字と記数法　2．数のかけ算　3．数の足し算　4．数の引き算　5．数の割り算　6．数と分数のかけ算　7．分数のほかの計算　8．比　9．複比　10．利益の配分法　11．混合問題　12．いろいろな問題　13．仮定法　14．平方根と立方根　15．幾何と代数

この書に対して数学史家の見方はいろいろあるようであるが，私はこの『算術の書』がたぶん啓蒙を意図してかかれた最初の数学の本だったのではないかと思っている．しかし学校図書関係では評判が悪かったようである．レオナルドの著作は，独創的で高級すぎて同時代の一般の人たちに理解されなかったのである．13世紀のイタリアの社会は，まだアラビアの数学を広く受け入れるまでには成熟していなかったのだろう．

しかしそれでもレオナルドのもたらしたものの新しさは当時の人たちの眼を奪ったに違いない．10進法とその計算法は筆算を通して広がっていった．レオナルドの名声はイタリアを越えて伝わっていき，ホーエンシュタウフェン家の皇帝

にも面接を許された．中世を通してこの本は数学の知識を与え続けたのである．

『算術の書』の中のいくつかの問題

・7人の老婦人がローマに旅行した．婦人は各々7匹のラバをもち，ラバはそれぞれ7個の袋を運ぶ．それぞれの袋には7個のパンがあり，そのパンにはそれぞれ7挺のナイフがあり，それぞれのナイフには7個のさやがある．ここに数え上げたすべてのものの和はいくつか．

（答　137256）

・ある人が鶉，鳩，雀の全部で30羽の小鳥を買った．鶉は銀貨3枚，鳩は2枚，雀は$\frac{1}{2}$枚払った．彼は全部で30枚の銀貨を支払った．鶉，鳩，雀を各々何羽ずつ買ったのか．

（答　$x+y+z=30$，$3x+2y+\frac{1}{2}z=30$ のただ1つの整数解は $x=3$，$y=5$，$z=22$）

・穴の中にライオンがいる．穴の深さは50フィート．ライオンは毎日$\frac{1}{7}$フィートずつ上り，夜は$\frac{1}{9}$だけ落ちる．穴から出るのに何日かかるか．

（答　1575日目に上に出る）

・2人がそれぞれいくらかのお金を持っている．1番目の人が2番目の人に「もし君が僕に1デナリを渡すならば，2人は同じ額のお金を持つことになる」という．2番目の人は1番目の人に「もし君が僕に1デナリを渡すならば，僕は君の10倍もお金を持つことになる．」2人はどれだけのお金を持っていたのか．

（答　1番目の人が$1\frac{4}{9}$デナリ，2番目の人が$3\frac{4}{9}$デナリ）

次の問題は，レオナルドをフィボナッチの名前で後世に残すことになった有名な問題である．

・もし毎月1対のウサギが1対のウサギを生み，生まれた1対のウサギは翌月

から1対のウサギを生みはじめるとすれば，1対のウサギからはじめて1年間に合計何対のウサギが生まれるだろうか．

（答 233対．この数列はフィボナッチ数列 $1, 1, 2, 3, 5, 8, 13, 21, \cdots$ をつくる．この数列の漸化式は $u_n = u_{n-1} + u_{n-2}$ であり，また

$$\lim_{n \to \infty} \frac{u_{n-1}}{u_n} = \frac{\sqrt{5}-1}{2} \qquad \text{（黄金比）}$$

となる）

演算の記号

アラビアでは記号を使わず，代数演算はすべて言葉で表わしていた．レオナルドの『算術の書』もすべて「言葉代数」であった．しかし人々がアラビア数字を用いて，紙の上で計算し，また写本や印刷も盛んになってくると，当然文字と同じように誰でも共通に使えるような演算の記号化が望まれてくる．

ここでは現在私たちがふつうに使っている演算記号の成り立ちを，かんたんにふり返っておこう．

＋： これは2足す3を，2 et 3（et はラテン語の and）とかいていたのが，et，$\mathcal{A}$ と崩れて，＋になったのだろうといわれている．16世紀のはじめ頃から使われている．

－： このもととなっているものは，はっきりしないが，商人たちが積荷を分けるとき，取除く荷物に－というしるしをつけたのがはじまりではないかという説もある．演算記号としての－が生まれたのは，5－3を 5 minus 3 とかくので，この頭文字 m が崩れて－になったのだろうともいわれている．

＝： イギリスのレコードが 1557 年にはじめて用いた．この記号を採用した理由は，「2本の平行線ほど世の中に等しいものは存在しないから」であった．しかしこの等号はすぐには当時の数学者たちには用いられなかった．$a=3$ を表わすのに，たとえば a aeq. 3 のように表わしていた（aequalis はラテン語で「等しい」）．

×： このカケルの記号は，エドワード・ライトが 1618 年にはじめて使った

が，ヨーロッパ大陸ではすぐには普及しなかった．ライプニッツはこの記号はXと混同しやすい，それより間に・を入れる方がよい，といっていた．

÷：　ワリ算のこの記号は，1659年にスイスの代数の本に現われたが，いまでも国によってはあまり使われず，6÷2を6：2，または6/2の方で表わすこともある．実際，日本でも算数のときに使っている÷は，中学校以上の教科書にはほとんど現われない．

√ ：　平方根（square root）は，ラテン語のradix（根）と関係がある．アラビア人は，平方根を木のように根から生成されたものと考えたので，平方根を根を意味する言葉で表わし，それがラテン語に訳されたのである．記号√ がいまのように使われるようになったのは，17世紀後半から18世紀になってからである．√ の由来ははっきりしないが，オイラーはrの変形からきたのだろうといっている．

Tea Time

中世の大学で，ユークリッドの『原論』がどのように取扱われていたかを，少し長いがカジョリ『初等数学史』小倉金之助訳（共立出版，1997年復刻版）から引用させて頂く．

　　パリの大学では，はじめは幾何学は除外されたが，1336年の規定で，数学の講義を聞かなければ，学位はとれないと定められた．そして1536年の日付のあるユークリッド『原論』の最初の6巻の注釈書から推察すると，M. A.（文学修士）の学位を請求する志願者は，こういう書物の講義を聞いたことを宣誓しなければならなかった，と思われる．けれども試験はすべての場合第1巻以外には出なかったようである．それは，第1巻の最後にあるピタゴラスの定理に'magister matheseos'（数学の先生）という渾名（あだな）がつけられたことからわかる．プラハ大学は1384年に建てられたが，そこでは天文学と応用数学が，課外として要求された．

　　ロジャー・ベイコンは，13世紀の終りころに書いたものの中で，こう言っている．「オックスフォードでは，学生のなかでユークリッド『原論』の

最初の第 3, 第 4 命題より先に進んだものはまれだった．それで第 5 命題[注]は，elefuga（逃亡）と呼ばれた．」

　われわれはこの第 5 命題が，のちに「驢馬の橋」(pons asinorum) と呼ばれたことを知っている．クラヴィウスは，1591 年版の彼のユークリッド『校訂本』で，この定理についてつぎのように述べている．「この定理は，初学者がまだなれていない，たくさんの線やたくさんの角があるために，困難であいまいなものにされた」と．

カジョリは最後に

　　15 世紀の中葉になってから，オックスフォードでは，はじめてユークリッド『原論』の第 2 巻までが読まれたのである．

　　以上のように大学の数学研究は，まことに不熱心な状態で，やっと維持されたにすぎない．

とつけ加えている．

　なお，ユークリッドの『原論』のラテン語訳が，アラビア語訳を通してはじめてヴェネツィアで印刷されたのは 1482 年のことであった．

注）　第 5 命題とは「三角形の 2 辺が等しいとき，その辺に対する角もまた等しい」

第27講

3次方程式と4次方程式

中世イタリアの数学で，数学史上もっとも有名なものは，カルダーノによる3次方程式，フェラリによる4次方程式の解法であった．2次方程式の解法はギリシァ，さらに溯ればバビロニアでも知られていた．しかしその解き方は3次方程式を解くことに何のヒントも与えるものではなかった．たぶんアラビアの代数学者やレオナルドなども，3次方程式の解法に挑戦してみたに違いない．カルダーノの3次方程式の解法をめぐっては，タルタリアとの確執もあった．3次方程式の解法から，はじめて虚数が謎めいた姿で数学の表舞台に登場してくることになった．2次方程式の場合には，虚根が出るときには，これは解けない場合であるといえばよかった．しかしカルダーノによる3次方程式の根の公式には，実根の場合でも，根の公式の中には虚数が含まれていることがある．実根が，虚数を通してはじめて姿を現わすということは謎めいたことであった．

イタリアにおける代数方程式への関心

前講に続いてレオナルドのことをもう少し述べておこう．レオナルドの重要さはシチリアのフレデリック二世に認められた．1225年にパレルモの天文学者ドミニコスは，この宮廷でレオナルドを皇帝に紹介したときにレオナルドに数学の問題を提起したが，レオナルドはそれをすぐに解くことができた．

1つの問題は不定方程式で

$$x^2+5,\ x^2-5\ \text{が平方数であるような解を求めよ}$$

であり，もう 1 つの問題は 3 次方程式
$$x^3+2x^2+10x=20$$
を解くことであった．レオナルドはこの 3 次方程式の解が整数でも分数でもないことを示して，近似解を与えた．

最初の不定方程式の問題は，レオナルドの書『2 次方程式』で取り上げられている．

■ レオナルドはそこではこれを次のように解いている．まず問題を
$$x^2+c=y^2, \quad x^2-c=z^2$$
と一般化し，両辺を加えると
$$2x^2=y^2+z^2$$
となる．$y=u+v$，$z=u-v$ とおくことにより
$$x^2=u^2+v^2$$
となる．x, u, v はピタゴラス数となるから，u, v が互いに素ならば
$$x=a^2+b^2, \quad u=2ab, \quad v=b^2-a^2$$
と表わされる．a, b が奇数ならば，この解は 2 でわれるから
$$x=\frac{a^2+b^2}{2}, \quad u=ab, \quad v=\frac{b^2-a^2}{2}$$
が新しい解になる．これからレオナルドは

i) もし a, b が互いに素で $b>a$ とする．このとき $c=ab(a-b)(a+b)$ に対しては不定方程式は解（自然数）をもち，このとき
$$x^2=\left(\frac{a^2+b^2}{2}\right)^2$$

ii) もし a が奇数で b が偶数（またはその逆）のときは $c=4ab(b-a)(b+a)$ に対しては不定方程式は解をもち，$x^2=(a^2+b^2)^2$ となる．

これを用いて $a=1$, $b=9$ に対して，$c=720$ として，$x=41$, $y=49$, $z=31$ を見つける．またこれを 12 でわって，最初に述べた
$$x^2+5=y^2, \quad x^2-5=z^2$$
の問題の解を
$$x=3+\frac{5}{12}, \quad y=4+\frac{1}{12}, \quad z=2+\frac{7}{12}$$
と求めている．

レオナルド以後，イタリアでは方程式を研究する学者も現われてきたし，また数学に興味をもつ人も少しずつ増えてきたのではないかと思われる．これらの人たちの最大の関心事は，3 次方程式，さらに 4 次方程式を解くことができるのかということにあったろう．2 次方程式はすでにギリシァで解かれていたが，それ

は線分演算によるものであった．3次方程式に立向かうには代数の道しかない．それは個人の創意と，計算にだけかかっている．それを解くことによって得られる実用性とか，応用というものはなかった．数学が純粋性をかちとりはじめてきたのである．イタリアの中では，この問題に対する関心が生まれ，それに伴って社会が数学を包むような雰囲気が少しずつ育ってきたのかもしれない．

デル・フェルロとタルタリア

1500年代になって，3次方程式の解法がついに見出された．それはバビロニアからはじまり，ギリシァの線分演算，アラビアの代数学へと発展した数学が，ついに征服した1つの山の頂だったのだろう．

3次方程式
$$x^3 + ax^2 + bx + c = 0$$
は，新しい変数として
$$x' = x + \frac{a}{3}$$
をとり，x' を改めて x と表わすと
$$x^3 + px + q = 0$$
となる．この形の方程式が解ければよいのである．実際は，当時まだ負の数の概念は十分捉えられていなかったので，p, q が正のときを考えることになるが，上の方程式の形では正数 x で成り立つことはない．したがって適当に移項して，次の3つの形の根（正根！）を求めることになる．

$\quad$ (1) $\quad x^3 + px = q$, $\quad$ (2) $\quad x^3 = px + q$, $\quad$ (3) $\quad x^3 + q = px$

デル・フェルロ（1465-1526）は，亡くなるまでボローニア大学の教授だった．フェルロは(1)の型の3次方程式の解法を見出したが，それを発表するということはしなかった．

1535年になって，ヴェネツィアの数学教師ニッコロ・タルタリアは，フェルロの弟子フィオレから，数学の問題を解くことを競う公開競技を挑戦された．競技の形式は，各々が30問ずつ持ち寄って，その解答を制限時間内に相手に求め

るということであった．敗者は相手に30回の供応をするということまで決められていた．タルタリアはいろいろな問題を携えて試合に望んだが，フィオレの方はフェルロが解き方を見つけた3次方程式（1）に関係するものだけだった．2日間の試合終了近くになってタルタリアは（1）の解法を見出し，30問全部解いてしまった．フェルロの方はタルタリアのほとんどの問題を完全には解いていないことがわかって，タルタリアの勝利は確定した（タルタリアは，供応を受けることを断った）．

タルタリアの名声はこれによってイタリア中に広がった．

カルダーノとタルタリア

カルダーノ（1501-1576）はミラノの少し南にあるパヴィアに生まれた．父は弁護士で医者であった．カルダーノは1539年までは医者としてミラノで生計をたてていたが，見立てがうまいということでヨーロッパ中に名声を博するようになっていた．彼は占星術師で異端者で，生涯賭け事から離れることはなかった．数学は彼が興味をもったひとつのことに過ぎなかったのである．カルダーノは当時のイタリア社会が生んだ破天荒な人物であった．

カルダーノは，タルタリアが3次方程式の解法を知ったという噂を聞き，その方法を知りたくなり，タルタリアをミラノへ招いた．そして3次方程式（1）の解法を，公表は絶対にしないという宣誓書までかいて，タルタリアから伝授してもらった．それは1539年3月25日のことであった．

タルタリアの訪問のあと，カルダーノは残っている（2），（3）の場合の解法も見出した．現代的に，係数に正負の区別なく一般的に3次方程式を
$$x^3+ax+b=0$$
と表わすと，カルダーノの示したこの方程式の根は
$$\sqrt[3]{-\frac{b}{2}+\sqrt{\left(\frac{b}{2}\right)^2+\left(\frac{a}{3}\right)^3}}+\sqrt[3]{-\frac{b}{2}-\sqrt{\left(\frac{b}{2}\right)^2+\left(\frac{a}{3}\right)^3}}$$
となる（詳しくは，たとえば志賀浩二『数学が育っていく物語』，第5週，方程式，岩波書店，1994年，参照）．

なお，この根の公式には，カルダーノもすでに知っていたように，3次方程式の実根を表わすのに，虚数が本質的にこの根の公式の中には現われる場合がある．たとえば3次方程式
$$x^3-15x-4=0$$
は，
$$x^3-15x-4=(x-4)(x^2+4x+1)$$
と因数分解されるから，$x=4$ を根としてもつが，カルダーノの公式を適用してみると，この根4は
$$4=\sqrt[3]{2+\sqrt{-121}}+\sqrt[3]{2-\sqrt{-121}}$$
と表わされる．$\sqrt{-121}$ という謎めいた数——虚数——が現われてくるのである．

この事情をはっきりさせたのはボンベリ（1526-1572）で，1572年に出版された3巻本『代数学』の中で，この等式が成り立つ数学的な理由を明確に示している．

カルダーノ自身も，この「虚の数」に考えを向けざるを得なかったようで，「10を積が40になるような2つの部分に分割すること」を考えている．そしてその答として $5+\sqrt{-15}$，$5-\sqrt{-15}$ を得ている．それを次のようにいい表わす．

　もたらされた精神的苦痛を傍らに置き，$5+\sqrt{-15}$ と $5-\sqrt{-15}$ をかけ合わせよ．それは $25-(-15)$ となり，$-(-15)$ は 15 だから，積は 40 となる．
　…だから算術の精妙さは無意味なところまで行き渡っている．

確かなことは，このときはじめて虚数が代数の中に登場したということである．

カルダーノとフェラリ

フェラリ（1522-1565）は，1536年にボローニアからミラノへ来て，14歳でカルダーノ家の召使いとなった．やがてここで数学を学び，カルダーノの秘書となり，また友人となった．カルダーノの有名な著作『大いなる術』によると，フェラリはカルダーノの頼みによって4次方程式の解法を考えはじめ，ついに4次方

程式も一般的に解けることを見出した．

こうして3次方程式，4次方程式は，16世紀前半までには完全に解けるようになったのである．

カルダーノは，3次方程式，4次方程式の解法を一冊の本としてまとめて著わすことを決め，1545年に『大いなる術』をかいた．この中で3次方程式の解法については，(1)の場合にはタルタリアが見出したことは述べてあったが，タルタリアは秘密を守るといった約束をカルダーノが破ったことに激怒したという．

Tea Time

12世紀から繁栄し続けてきたイタリアの都市国家，ヴェネツィアやジェノバなども，16世紀になるとかげりを見せはじめてきた．それまで十字軍の遠征によって，東方から絹，香料，絨緞，陶器，宝石などの高価な物産が，キャラバン・ルート，インド洋航路，紅海，エジプトを経て地中海沿岸に到達し，そこでイスラーム商人からイタリアの商人に売り渡されていた．イタリアの商人たちはそれをヨーロッパ各地に売りさばいて莫大な利益を上げていたのである．しかし16世紀になると，ポルトガルの船が，イスラームを経由しないで，喜望峰を回ってインド洋へと航海できるようになったため，東方の多くの富はイタリアではなく直接ポルトガルへと集まるようになってきた．

イタリア中世の数学は，イタリアの都市国家の繁栄の中で育てられていた面があったに違いない．レオナルド以来，イタリアの数学への関心は，商業数学とアラビア代数学にあったが，カルダーノ，フェラリによる3次方程式，4次方程式の解法の発見により，それは1つのゴールへと達したようである．その後もさらに5次方程式の解法を試みた人はあったかもしれないが，それは歴史の表面に現われることは決してなかったのである．その理由は，19世紀になってアーベルが，5次以上の方程式は代数的に解くことは不可能であることを示したことによって明らかとなった．

幾何学はギリシァで完成し，アラビアの代数は，カルダーノのところまで達して，ひとまず完成した．

新しい数学は，16世紀になって中世ヨーロッパ社会が崩れはじめ，ヨーロッ

パが強力な王政の時代を迎えようとする動きの中から誕生してきた．それはギリシァ数学でもアラビア数学でもなく，ヨーロッパ数学というべきものであった．

第28講

暦 と 時 間

> カレンダーを見て日を知り，時計を見て時間を知るということは，いまではごく当り前のことになった．だがこのとき現われる数，特に時間は，1つ1つ取り出して足したりかけたりできるような数ではない．つねに変化している数である．現在のような時間の意識は，中世から近世への移行の時期に，徐々に人々の意識の中に取りこまれてきたようにみえる．近世力学の誕生は，時間を数学の中に取り入れたことによっている．1年の移りを示す暦は，昔は月の満ち欠けを見て，時の移りを知る太陰暦が中心であったが，太陰と太陽暦との微妙なずれが，やがて復活祭の日をめぐって，中世の教会に深刻な問題を惹き起すことになった．時間や暦の歴史は，数学とは無関係のようにみえるが，そこには数の意識の深みに触れるところもあり，ここで述べてみることにした．

日を数え，時間を測る

　私たちは日常ごく当り前のように，日にちを数え，時間を測っている．しかしそこには目の前に数えたり，測ったりする具体的なものは何もないのだから，りんごの数を数えたり，棒の長さを測るのとは違っている．一体，この場合，数えるとか，測るとかいうことは何を意味しているのだろうか．

　カレンダーや時計のない昔から，人々の暮しの中には流れていく時間と，過ぎていく毎日があった．その中には数が深く隠されている．しかしこのような数は，古代ギリシァの数学でも，アラビアの数学でも，中世の数学でも，数学の中

にはっきりと取り出されるということはなかった．

17世紀からはじまったヨーロッパ数学のもっとも革新的な部分は，本質的にはこの時間の中にある数を，数学の対象としてしだいにはっきり自覚してきたことにあったと，私は思っている．ここでは暦と時間についての歴史を少しふり返っておくことにする．

太陽暦と太陰暦

1年の長さを測るのに，太陽暦と太陰暦がある．太陽暦とは，太陽が天球を1周する時間——黄道上を1周して赤道上の春分点に交わるまでの時間——を1年とするものである．

それは正確には365日ではなく

$$365.242199 日 \quad (回帰年)$$

である．これを大体365.25と見積って，1年を365日とし，4年に一度閏年をおくと，この誤差はほぼ補正される．しかし，それでも平均して年に11分の誤差がでる．

太陰暦は，陰暦ともいい，月の満ち欠けの朔望月（29.53059日）だけを基本周期として月を数える数え方である．

古代文明では，月の満ち欠けで時の移りを知ったので太陰暦の方が主に使われていた．ところが太陰暦で12か月は正確にかくと354.3672日となる．これを正確な1年，365.242199日と合わせるにはどうしたらよいか，古代から天文学者はこのことに稔りのない苦労を重ねてきたのである．

たとえば，古代ギリシァでは，太陰暦を補うために，あまり規則的ではなかったが8年ごとに90日を追加していた．ユダヤ教では3年ごとに1月追加していた．

エジプトは，古代でははじめて太陽暦を採用した．これは農耕を主としたエジプトで，ナイル川の氾濫が毎年周期的に起こることによったのではないかといわれている．エジプトでは1年は365日と決めていたが，エジプトのように長い歴史の国では，この決め方で1460年たつと1年という誤差が周期的に起きること

がわかり，紀元前238年にプトレマイオス二世は4年に一度閏年をおくことにした．

なおインドでは，第23講で述べた5世紀にかかれた『アールヤバティーヤ』の中では，月，週，年と何億年にもわたるヴェーダ神話に関連したさまざまな時間の計測を含めたヒンズーの暦についても述べている．それに関連する天文学の部分では1年の長さを365.3586805日と見積っている．これは正しい1年の長さと2時間47分44秒程度のずれである．

イスラームでは太陰暦を採用し，これは現在でもそうである．太陰暦の1か月は平均約29日半なので，12か月を29日の月と30日の月が交互にくるように決めている．

ローマと中世の暦

ローマでは，シーザーが制定し，後にアウグストスが補正した「ユリウス暦」が使われた．1年を365日とし，4年に一度閏年をおくというものであって，このユリウス暦は中世ヨーロッパに引き継がれて広く用いられた．ユリウス暦の制定は，法律家や商人，職人などに，日の移りや時間を，それまでのように自然現象の移り変わりの中で捉えることをせず，数学や計算を用いて測るという考えを育てていった．それでも12, 13世紀にはまだイタリアでもアラビア数字は十分用いられていなかったから，日数をローマ数字で表わすなど煩わしいことも多かった．またアラビアとの交流がはじまると，商取引の中でアラビアの太陰暦とユリウス暦を重ねるという面倒なことも生じていた．

ユリウス暦と復活祭

ユリウス暦は，中世社会を支配していたカソリック教会にとって深刻な問題をはらんでいた．325年にコンスタンティヌス大帝は，1週間を7日とし，日曜を週のはじめとし，クリスマスを暦の上で指定したが，さらにニカエアに大司教た

ちを集め，復活祭をいつにするか決定する会議を開いた．復活祭の礼拝は，キリストの復活がユダヤの過越祭(すぎこしのまつり)のときに起きたということに由来していることが問題を難しくした．過越祭の日は，月の満ち欠けによってユダヤ暦の上で日付けが変わっており，太陽暦の上では年ごとに移動する．結局この会議で，復活祭の日は，春分のあとの最初の満月のあとの最初の日曜日と決定された．

実際はこの決定に，将来生ずる深刻な事態が隠されていた．それはユリウス暦の最大の欠点，年に11分の誤差があったからである．そのためニカエア会議で3月21日を春分の日と決めたが，真の春分は1100年の頃には3月14日，16世紀には3月12日まで遡っていた．

一方では，印刷術の発明により，15世紀後半から，日，週，月，祭日の表わし方が統一された暦が大量に出回るようになり，人々の間に，広く日付けの考え方が行き渡ってきたのである．したがってユリウス暦の中にあるこの問題点もしだいに知られてきた．

ここでユリウス暦を改める動きが急速に高まり，1510年代に教皇レオ10世は天文学者に意見を求めた．この中にコペルニクスもいたのである．コペルニクスについてはTea Timeで述べる．結局1580年代にグレゴリウス暦ができてこの改暦の問題は終りを告げた．グレゴリウス暦では正確な1年との誤差は僅かに-26秒である．

時間と時計

古代の人たちにとっては，時間はひとりひとりの生活の中に取りこまれているものだった．昼夜のくり返しの中に時の流れを感じ，また影の長さの変化や，夜空の月や星の動きで時の経過を知った．エジプトでは日時計がつくられ，また水時計も考えられていた．砂時計もあった．しかし，広く人々に同じ時を告げるというようなことはなかった．

教会の鐘は5世紀になってはじめて発明された．おそらく鐘はまず修道院に広がり，後に鐘塔の鐘の音は，人々をミサに誘うようになった．鐘の音は，人々に共通の時間があることを教えたのである．

機械時計の発明は，13世紀半ば頃であったといわれている．当時の時計は，錘で歯車を回転させ，それを適当なかみ合わせ装置（テンプ）で調整するような仕組みだったらしい．しかし1日で30分も違うような精度しかなかった．時計は14世紀になるとイタリア北部で発達し，教会や公共の建物の上におかれ，鐘で人々に時を告げるようになった．そして1日を24時間に区切ることもしだいに定着するようになった．これらの時計が小型化されたのは14世紀末で，15世紀前半になるとぜんまい時計がつくられるようになった．裕福な家庭で時計が見られるようになったのは16世紀になってからである．

　時計の発明は，中世社会に時間の秩序を与え，特に都市ではギルドを主体とする産業社会へと変容していく状況に力を与えたのではないかと思われる．

　いずれにしても，16世紀になるとカレンダーを見て日を知り，時計の針を見て時間を知るようになった．このことは数に対する感覚を無意識に変えていったに違いない．数は具体的なものの数を数えたり，何かを測ったりするときにだけ現われるものではなく，日の変わりや時間を通して抽象的な広がりを示すものとして人々の目に触れ，それが生活の基盤にあるという感覚が育っていったことだろう．数は，時間と同じように私たちの意識の根底にあって，必要に応じていつでも取り出せるようなものになってきたのかもしれない．それは近世の科学，技術の展開へとつながっていくものだったのではないかと，私は考えている．

Tea Time

　コペルニクスのことを述べておこう．

　ニコラス・コペルニクス（1473-1543）は当時ポーランド領であったトルンという町に生まれた．トルンはドイツの町であったが，1466年からポーランド領になっていた．父は銅の卸売りをしていた．10歳で父を失い，その後聖職者であった伯父に養われた．聖職を志してクラクフ大学に入学したが，ここで数学，天文学の講義を聞くうちに天文学に強い関心を抱くようになってきた．その後，北イタリアのボローニア大学に留学し，ギリシャ語の勉強からはじめて，ギリシャ哲学，ギリシャ天文学へと進んだ．また1497年にはカノンの僧位が授けられた．1500年にはローマの聖誕祭に正式資格で出席し，約1年間滞在し，天文学

の講演を行い，日食の観測をした．一度ポーランドに帰ってから再度北イタリアに赴き，パドヴァ大学とフェラーラ大学で神学と医学を学んだ．

　コペルニクスはおよそ10年間のイタリア留学を終え，1506年頃帰国し，昼間はフロムボルクの寺院で聖職者として，また医術を通して貧しい人たちの施療に精魂を注ぎ，信望を集めた．夜は寺院の望星台で，手製の測角器を用いて天体観測に励んだ．目指すところは，新しい宇宙体系の確認であった．彼の考えた宇宙体系は太陽を中心におき，地球に3つ運動を与えるものであった．すなわち，太陽のまわりの公転と，地球の自転と，歳差運動であった．

　地球を中心において周転円の考えに基づくプトレマイオスの天体理論の体系は，長く中世の天文学を領してきたが，しかしすでにかなり以前からイスラームやユダヤの天文学者たちは，この理論と観測結果との間に整合しない現象があることを知って，その補正を試みていた．また長い世紀を経過していくうちに，理論と観測との小さな誤差も大きく集積されてくるから，惑星の運行や日食の予測が理論値とかなりくい違うということも生じてきた．

　コペルニクスは前にも述べたように，1514年に教皇庁の改暦審議会に出席するよう招集されたが，それを辞退した．この事情については，このときすでにコペルニクスは天動説ではなく，地動説の考えをもっていたからではないかと推測されている．

　しかしコペルニクスは，生涯を通して天体の運動は円であり一様でなければならないというギリシァの考えを捨てることはなかった．そのため天体理論の体系は，プトレマイオスのものよりは簡単であったが，それでもかなり複雑なものであった．

　コペルニクスは，彼の地動説を完全にまとめ上げるのに20年から30年かかったようであるが，それが不朽の大著『天球の回転について』として出版されたのは1543年のことであった．これがコペルニクスの手に届いたのは，コペルニクスがすでに死の床についているときであった．

第29講

過 渡 期

> 15世紀になると，ヨーロッパでは，古代ギリシァやアラビアの影響から脱して，新しい数学へ向けての動きがはじまってきた．ヨーロッパ数学の胎動がはじまったのである．その先駆けをつくったのは，レギオモンタヌスとヴィエトであった．レギオモンタヌスは三角法を見る目を天体から切り離し，三角形そのものに向けることをはじめて提案した．このことにより，天体モデルの考えから脱して，観測データに即して三角法を適用して，天体の運行を調べるという科学としての観点が確立したのである．一方，ヴィエトは，もともと数学は余暇の楽しみにすぎなかったのだが，その楽しみの中から，既成の数学の枠組みでは捉えられない新しい数学の姿を見出していくことになった．数学という学問は，それ自身の中にあるものによって動き出したのである．

ルネッサンスは，芸術，美術の面で華々しく花開いた．しかし数学の分野では，単に「ギリシァへのルネッサンス」ではなくて，新しい時代へ向けて動き出す過渡的な時期となった．ここではそれを代表する数学者として，レギオモンタヌスとヴィエトについて述べておこう．

レギオモンタヌス

ヨーロッパでは1175年にすでにプトレマイオスの『アルマゲスト』がアラビア語からラテン語に翻訳されていたが，それが直ちに当時のヨーロッパに影響を

与えることはなかった．

　14世紀まで，ヨーロッパでは天文学もまたそれに付随する三角法も目立った進展はなかった．しかしヨーロッパではこの頃までにはプトレマイオスの用いた弦（chord）ではなくて，半弦（sine）の方が主に用いられるようになっていた．

　ヨーロッパに三角法を本格的な意味で最初にもたらし，やがてコペルニクスからケプラーへ続く科学革命の先駆となったのは，レギオモンタヌスの著わした『三角法のすべて』であった．

　レギオモンタヌス（1436-1476）はドイツのケーニヒスベルクに生まれた．本名はヨハン・ミュラーであったが，ケーニヒスベルク（王の山）のラテン語がレギオモンタヌスであったので，当時そのようなことがよく行なわれたが，そのまま名前として通用し，後世に引用されることになった．レギオモンタヌスはライプツィヒとウィーンの大学で学び，そこで数学と天文学に強い関心をもつようになった．のちにイタリアに行き，ギリシャ語を学ぶ機会を得た．このイタリアの国内を旅している間に，古代の科学的遺産を見出し，翻訳，出版しようということを考えはじめたようである．ドイツに帰ってからニュルンベルクで印刷機を組み立て，また天文台をつくった．彼は該博な学識と実行力を兼ね備えたルネッサンスの生んだ大学者であったが，多くのことは志半ばにして終った．それは40歳半ばにも達しない彼の夭折によるものであり，一説によるとローマ教皇に暦改正のことでローマに招かれた際，毒殺されたのではないかといわれている．

　レギオモンタヌスの業績の中で後世に影響を及ぼした最大のものは，前に述べた『三角法のすべて』と題された著書であった．それまで三角法はつねに天文学に付属した形で取り扱われていたが，ここではじめて天文学と切り離されて，三角法が独立した学問として登場してきている．比喩的にいえば，三角法は天文学から抽象化されて取り出されて，具象的な図形に適用されることになったのである．この中に次のような文章がある．

　　偉大な驚くべきことを学ぼうとする君たち，また星の運動に驚異の眼を向けている君たちは，三角形についてこれらの定理を学ばなくてはならない．これらの考えを知ることによって，天体のすべてについて，またいくつかの幾何学の問題について，扉が開かれてくるだろう．

　これは三角法の独立宣言のようなものである．天文学は周転円のような考えを

捨てて，観測データに即して三角法を適用して現象を調べればよくなったのである．それはケプラーのとった道でもあった．

この書の第1巻ではユークリッドの『原論』にしたがって長さや比の説明があり，そのあと直角三角形の場合の三角形の解法が述べられている．第2巻では正弦法則が明確な形で述べられており，三角形の辺，角，面積などによって三角形が決まる条件が，いろいろな具体的な問題を通して説明されている．第3巻では古典的な球面三角法，第4巻では球面三角形に対する正弦法則およびそれに関連する問題が扱われ，そして正弦の表が付されている．

当時はまだ小数表示はなかったので，たとえばいまでいえば小数点以下5位までの正弦表をつくるときには，半径 10^5 の円を用いて，その半弦とそれに対応する弧の長さの比を求めた．それは sin の値の 10^5 倍の値となり整数として表わされる．レギオモンタヌスの正弦表では，半径は 60000 に，また別の表では 10^7 にとったものもある．この表は1分きざみでつくられている．当時の驚くべき計算力がうかがえる．

これとは別に『方向表』という本も著わしているが，ここには正接（tan）の表が載せられている．ここでは円の半径は 10^5 としていた．この表では tan 89° は5729796（正確には 5728996）と記されており，90° に対しては「無限」とだけ書かれている．

レギオモンタヌスのこの三角法についての著作は，出版される前に彼が突然この世を去ったため，これらの著作が印刷され世に広まるのはずっと遅れてしまった．『方向表』の方はそれでも 1490 年に出版されたが，『三角法のすべて』は死後約 60 年近く経った 1533 年になってからであった．しかし，この本の手写本は，16 世紀初頭には天文学者や数学者の間にはかなり行き渡っていたのではないかと予想される．実際，16 世紀半ばまでには三角法の教科書がかなり出回るようになっていた．現在の言葉を使えば，この時代には学問社会が少しずつ形成され，その間を学問の情報がかなり速く流れるようになっていたのだろう．

なお三角関数表の普及には，1440 年代になされた印刷術の発明と，その後の急速な広がりが背景にあったと思われる．

ヴィエト

16世紀後半になると，古代の主要な数学書で現在まで残っているようなものは，ほとんどすべて復元され，ラテン語訳されているようになった．このことでもっとも貢献したのはイタリアの幾何学者コンディノ（1509-1575）で，彼はひとりでアルキメデス，アポロニウス，アルキュタス，ヘロンなどの古典を，ギリシァ語から直接ラテン語に翻訳していた．ルネッサンスに湧き上った古代復活の波は，数学にも及んできたのである．数学者たちは，ギリシァ数学とアラビア数学の両方の知識をもつことになり，それを総合して数学を新しい方向へ育てていくことに関心が湧いてくるようになった．ヨーロッパ数学に進歩の気運が高まってきたのである．

この過渡期の数学者としてヴィエトがいた．

フランソワ・ヴィエト（1540-1603）はフランス人でポワチエ大学で法律を学び，1560年に学位をとった．弁護士を開業してブルターニュ高等法院のメンバーとなっていたが，のちにアンリ三世，アンリ四世の側近として諮問委員会の一員として仕えた．アンリ四世のとき起きたスペインとの戦いで，秘密文書の解読に貢献し，スペイン人からは悪魔と手を結んでいると非難された．

数学は，ヴィエトにとってはまったくの暇つぶしにすぎなかった．アラビアの代数では，方程式を解くということは，方程式の中に隠されている未知量を求めるということであり，したがって係数はすべて1つの決まった数として表わされていた．ヴィエトは，パッポスの考えにしたがって「方程式を解析する」という立場に立ち，未知量に対してだけでなく既知量に対しても文字を使って表わした．未知量を表わすには母音 A, E, …を用い，既知量を表わすには子音 B, C, D, …を用いた．そして方程式の解析には，計算の検算のように論証も必要と考え，「数の計算術」と対比させて，代数学を「すばらしい計算術」とよんだ．

ヴィエトのこの「すばらしい計算術」は3次方程式の解法にも示された．

3次方程式
$$x^3+3ax=2b$$
に対して新しい数 y を

$$a = y(x+y) \qquad (*)$$

として導入する．そして上の方程式を
$$x^3 + 3xy(x+y) = 2b$$
とかき直し，両辺に y^3 を足すと
$$(x+y)^3 = 2b + y^3$$
となる．これから
$$a^3 = y^3(x+y)^3 = y^3(2b + y^3)$$
$$= 2by^3 + y^6$$

したがってこれを y^3 についての2次方程式として解くと y が求められ，(*) から x がわかる．

確かにこれは方程式を解析しているといえるだろう．

この頃，ヨーロッパでは三角関数の間に成り立つ関係式に関心が集まっていた．

ヴィエトは図53のような図から，公式
$$\sin x + \sin y = 2\sin\frac{x+y}{2}\cos\frac{x-y}{2}$$
を導いている．

▪ 図で $\sin x = $ AB, $\sin y = $ CD．したがって
$$\sin x + \sin y = \text{AB} + \text{CD}$$

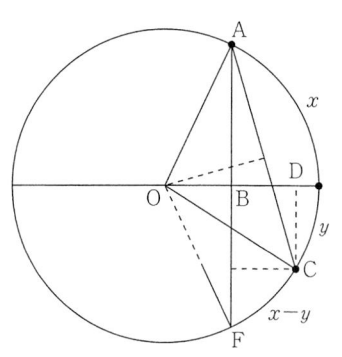

∠COF $= x - y$, ∠CAF $= \dfrac{x-y}{2}$

円の半径は1にしている．

図 53

$$= \mathrm{AC}\cos\frac{x-y}{2} = 2\sin\frac{x+y}{2}\cos\frac{x-y}{2}$$

さらにヴィエトは一般の倍角の公式

$$\cos nx = \cos^n x - \frac{n(n-1)}{1\cdot 2}\cos^{n-2} x \sin^2 x$$
$$+ \frac{n(n-1)(n-2)(n-3)}{1\cdot 2\cdot 3\cdot 4}\cos^{n-4} x \sin^4 x - \cdots$$
$$\sin nx = n\cos^{n-1} x \sin x - \frac{n(n-1)(n-2)}{1\cdot 2\cdot 3}\cos^{n-3} x \sin^3 x + \cdots$$

も導いた．

Tea Time

ヴィエトのような，自分の趣味としてだけで数学を楽しんだ人が，数学史に名を残すようになったことは，数学が文化として，ヨーロッパに深く根づいたことを示すものだろう．同じような人としては本書『数学の流れ 30 講』の中巻に登場するフェルマがいる．

ヴィエトの発想は自由であった．1593 年に著わした『数学の問題の諸種の解答』で，円周率 π をはじめて無限積として

$$\frac{2}{\pi} = \sqrt{\frac{1}{2}} \cdot \sqrt{\frac{1}{2} + \frac{1}{2}\sqrt{\frac{1}{2}}} \cdot \sqrt{\frac{1}{2} + \frac{1}{2}\sqrt{\frac{1}{2} + \frac{1}{2}\sqrt{\frac{1}{2}}}} \cdots \quad (*)$$

と表わした．

ヴィエトはこの式を次のようにして導いた．半径 1 の円に内接する 4×2^n の正多角形の面積は，

$$c_1 = \sqrt{\frac{1}{2}}, \quad c_2 = \sqrt{\frac{1}{2} + \frac{1}{2}c_1}, \quad c_3 = \sqrt{\frac{1}{2} + \frac{1}{2}c_2}$$

とすると，半角の公式をくり返し使ってみると

$$\frac{2}{c_1 c_2 c_3 \cdots c_n}$$

と表わされることがわかる．ヴィエトはここで n を限りなく大きくすると，この値は半径 1 の円の面積に等しくなることを用いて

$$\pi = \frac{2}{c_1 c_2 c_3 \cdots}$$

を示したのである．これをかき直すと（＊）になる．

　次の逸話は，当時の数学のレベルと，数学に渦巻く広い関心と，ヴィエトの驚くべき才能を示すものとなっている．

　1593 年にアドリアン・ファン・ルーメンというベルギーの数学者が，45 次の方程式

$$x^{45} - 45x^{43} + 945x^{41} - \cdots - 3795x^3 + 45x = K$$

の根を求めることを，世界中の数学者たちに向かって，挑戦状としてつきつけたのである．当時アンリ四世の宮廷に，低地帯諸国（ベルギー，オランダ，ルクセンブルク）から派遣されていた大使たちは，フランスにはルーメンの提出したこの問題を解けるものはいないだろうといっていた．数学の問題が国の名誉にかかわることになってきたのである．そこで助力を求められたヴィエトは，この方程式は，$K = \sin 45\theta$ を $x = 2\sin\theta$ によってかき表わした式であることに気づき，すぐに正根を求めたのである．このヴィエトの解法に感動したルーメンは，のちにヴィエトを表敬訪問したそうである．

第30講

大航海時代

> ヨーロッパの近世の幕明けは大航海時代からはじまった．大航海時代になると，ヨーロッパの目は，海を越えて新しい世界へと向けられるようになってきた．中世の閉じたヨーロッパ社会は，世界に向けて活動をはじめる新しい時を迎えたのである．未知の大海に乗り出す帆船の航海を安全に保つためには，大洋のただ中にある船の位置を知ることが大切であり，そのため精密な天文観測による精度の高い天体暦をつくることが重要な課題となってきた．この大きな動きの中から，ケプラーによって惑星軌道の法則が発見され，また天文計算に現われる複雑な計算をかんたんに行なえるようにするため，ネピアによる対数の発見があった．これらは次巻の最初のテーマとなる．

大航海時代と新しい数学

　ヨーロッパでは，14世紀から17世紀にかけて大航海時代とよばれる新しい時代が到来した．中世の閉じた社会は終り，ヨーロッパは広い未知の世界を目指して，大洋に船を乗り出すことになった．ヨーロッパのもつ冒険心と活力は，突然歴史の上に画期的な1つの時代をしるすことになったのである．

　この大航海時代には，航海の安全さと，目的地へ向けてのできるだけ確実な航路を見出すため，精密な観測に基づく天文理論と天文データが求められた．それらを用いて行なう膨大な天文計画を簡単に行なうことが望まれ，それに応えるために，ネピアが対数の考えを生むことになった．対数は実数の概念を育てた．

また天文観測から得られた結果の解析から,ケプラーは惑星の運動の3法則を見出したが,それはやがてニュートンの万有引力の法則によって,力学的世界観の中に包括された.数学もまた広漠とした大海原へと乗り出していくことになった.

しかしこのようなところへ話を続けていくことは,本書『数学の流れ30講』中巻における主題となる.この上巻の最後の講では,あまり数学には触れずに,ヨーロッパを大きく変えた大航海時代とはどのような時代であったかを述べて,中巻へと続けることにしたい.

ポルトガルの船出

1096年からはじまり2世紀にわたる聖戦といわれた十字軍の遠征は,キリスト教徒はイスラーム教徒に対し,一時的に優勢な地位に立つことはあったとしても,結果的にはそれ以上の成功はおさめられなかった.イスラームは東と西を結ぶ交易の道を占拠しており,地中海貿易によってその富は,ヨーロッパにはイタリアだけに集まり,イタリアの繁栄を招いていた.

大西洋から地中海に入る狭いジブラルタル海峡は,イスラームのグラナダ王国と北アフリカにあったマリーン朝がおさえており,ヨーロッパのほかの国が地中海貿易に加わることを難しくしていた.

イベリア半島には,グラナダを除く地域に,13世紀半ばまでにはアラゴン,カスティリア,ポルトガルの3つのキリスト教国があった.この中でポルトガルは大西洋に面し,大洋に向けて船を乗り出す政治的,地理的条件を備えていた.1341年には,イベリア半島の南西1300キロのところにあるカナリア諸島にポルトガル人の最初の航海が行なわれた.1400年代になると,探検に非常に積極的であったエンリケ王子の主導のもとで,ポルトガルの船団はアフリカの西岸に沿って,未知の海に向かって徐々に南進をはじめ,接岸したところからいろいろな積荷を携えて帰ってくるようになった.大航海時代がはじまったのである.

1498年には,ヴァスコ・ダ・ガマは喜望峰を越えてインド洋へと入り,アフリカ東岸沿いからインド洋を横断して,インドへの航路を見出した.東方の富

は，地中海を通ることなく，ポルトガルへと集まるようになり，ポルトガルは繁栄を極めるようになった．

一方，スペインは1492年のコロンブスによるアメリカ発見以来，西方への航海を目指していた．

ポルトガルとスペインが黄金や高価な品物を求め，また改宗者を求めて手を広げていた頃，ヨーロッパのほかの国々も，貿易のため，また新しい土地を求めて領土を広げるため，大洋を目指すようになった．なかでもオランダは国は小さかったが積極的で，1630年頃には「海外のあらゆる国に船をさし向け，諸国との貿易のほとんどを手に入れた」といわれるようになった．この時代，オランダは豊かな富を享受していた．

船の位置と天文学

大航海時代がはじまると，あらかじめ定められた航路にしたがって正しく航海できるような帆船の航海術を求めることが，ヨーロッパ社会の政治，経済にかかわる大きな問題となってきた．

大海の真只中を漂う帆船にとっては，未知の潮の流れや，突然の暴風もあり，航路を定めることは非常に難しいことであった．

航行中の帆船で観測できるものといえば，天空における現象だけであり，それは昼は太陽の運行であり，夜は月と，晴れていれば空一面にきらめく星だけである．この天空の星には，互いに位置をかえない恒星と，7つの「さまよえる星」太陽，月，水星，金星，火星，木星，土星があった．この星の天球上の運行は，地球の自転と公転により，たとえ船が静止していても非常に複雑な動きをする．一方，船の位置を定めるためには緯度と経度の値を天体の観測によって求めるにはどうしたらよいかという航海術——天文航法——の確立が求められたのである．天文航法では，星の位置の1分の観測の違いが，海上では1カイリ（1852メートル）となってくる．したがって天文航法の確立には，星の高度（角度）を正確に測る観測機器アストロラーベの開発と，決まった時間における星の位置を示すきわめて精度の高い天体暦が必要であった．アストロラーベは，紀元前150

年頃, ヒッパルコスにより発明されたといわれているが, 1220年頃ヨーロッパに導入され, 1480年頃には船の揺れなどにもよらない航海用アストロラーベが考案されていた.

ヨーロッパの商人たちは, 天文学の研究にも財政的な援助をするようになってきた. 天文研究に力を貸す王室も現われてきた. 1576年には, デンマークの王室費でウラニボルク天文台が, ティコ・ブラーエのためにベーン島に建設された. 当時はまだ望遠鏡は発明されておらず, 観測には精度の限界があったが, ここでの観測器は, 肉眼での分解能が1分角にまで達していた. その後, 1637年に近代的なデンマークのコペンハーゲン天文台が建てられ, それに続いてパリ天文台, グリニッジ天文台などがつくられるようになった.

なお, 望遠鏡の発明は, オランダで17世紀はじめに良質のレンズがつくられるようになり, 1608年にオランダの眼鏡師が発明したといわれている. ガリレイがこれを用いて翌年天体の観測を行なった.

経度と時計

大航海時代は, ヨーロッパに富をもたらしただけではなく, いわば文明というものに対しても目を見開かせることになったようである. その1つの例として正確な時計がある.

船の位置を知るには, 緯度, 経度を知ればよいのだが緯度は北極星の高度, あるいは太陽の正午の高度を測ることですぐに求められる. しかし経度を知ることは大変難しいことであった.

太陽が南中する時間が1時間違うことは, 経度にして15°の違いだから, 船の上でも正確に時刻の測れる時計があれば経度はわかることになる. 15世紀, 16世紀には, 30分または1時間きざみで測る砂時計が航海に用いられていたが, 水夫がひっくり返すのを忘れたりして実際はそれほど役に立たなかった. ホイヘンス (1629-1695) が一生振り子時計の製作に関心をもち続けた理由の1つには, 正確な時計を求める社会の強い要求があったからである. 実際は時間にしてわずか1秒の誤差は, 赤道上では500メートル近くの誤差を引き起す. そのため船の

振動にも影響をうけない精巧な時計が必要となる．

　遠洋航海で経度測定が可能となる正確なクロノメータを発明したのはイギリスのハリソン（1693-1776）であり，それは1735年のことであった．

Tea Time

　中巻で述べるように，17世紀になると数学はそれまでになかったような新しい動きをはじめるようになる．学問に対してしだいに高まりが生じてきて，科学革命というべき時代が到来しようとしていた．

　古代ギリシャではヘレニズムの時代となるとアレクサンドリアの「ムセイオン」に多くの学者が集まり，研究を推し進めた．イスラームではバグダードに「知恵の館」があり，アラビアやオリエントの学者たちが集まって，活発な議論や知識の交換が行なわれていたことだろう．

　ヨーロッパでは，17世紀になると学者たちが集まって議論する場としてのアカデミーが誕生してきた．それは広い社会で科学への胎動がはじまってきたことを意味する．

　16世紀にドイツとイタリアで生まれたアカデミーは長続きしなかった．

　1664年頃，イギリスの科学の組織化として「フィロソフィカル・カレッジ」が創られた．1660年にロンドンの科学者たちはグレシャム・カレッジに会合し「物理的，数学的，実験的学問を推進するためのカレッジ」を創ったが，それは2年後王立学会となった．1666年には，パリ科学アカデミーが設立された．ベルリンの科学アカデミーは，ライプニッツの力もあって，1700年に設立された．1724年にはロシアペテルスブルグ・アカデミーができた．

　学問や科学は新しい動きを示すようになり，その動きの中で数学もまた大きく進歩することになる．

事項索引

ア 行

アカデミー　188
アカデメイア　58, 60
アストロラーベ　186
アッバース　148
アテナイ　26, 44
算盤（アバクス）　155
アラビア科学　125
アラビア砂漠　120
アラビア数学　125
アラビア数字　156
アラビアの三角法　145
アルゴリズム　131
『アルマゲスト』　107, 177
アレクサンドリア　75

イオニア学派　27
イスラーム　121, 148
　　――の10進表記　127
イスラーム国家　121
イデア　41
緯度　187
インドの三角法　144
インドの10進法　126
インドの天文学　144
陰暦　172

ウラニボルク天文台　187

エーゲ文明　25
エジプト
　　――の幾何学　22
　　――の計算法　17
　　――の数字　16
　　――の分数　20
　　――の歴史　14
エレア　29
エレア学派　29
円周率　112
円錐曲線　52, 90, 91
『円錐曲線論』　93
円積線　53
円積問題　45
円の面積　86

カ 行

角　110
角度　110
角の三等分　45
カスティリア王国　149
紙　157
完全数　34, 71

機械時計　175
幾何学の誕生　40
奇数　71
基数　6
球
　　――の体積　86
　　――の表面積　86
球面三角法　110
共役直径　93
虚数　168

ギリシャの数字　48
ギリシャ人　39
ギリシャの歴史　25
ギリシャ文化　39

偶数　71
楔形文字　5
グラナダ王国　149, 185
グレゴリウス暦　174
クロトン　33
クロノメータ　188

経度　187
ゲルマン民族　119
弦の表　113
『原論』　62, 113, 162, 179
　　――とギリシャ数学　57
　　――の誕生　56

黄道　11
五角数　34
chord　112
　　――の加法定理　114
暦　173, 174
　　グレゴリウス――（れき）
　　174
　　中世の――　173
　　ユリウス――（れき）
　　173
　　ローマの――　173
コンスタンティノープル
　　119, 149

■ サ 行

sin　144
朔望月　12, 172
サモス島　32
サラミスの海戦　26
三角数　34
三角法
　　アラビアの──　145
　　インドの──　144
3次方程式　166
『算術』　98
『算術の書』　159
三大難問　45

四角数　34
シーザー　119
『シッダーンタ』　145
ジャブル　131
十字軍　151
『集成』　79
獣帯　11
周転円　106
10進法と表記
　　インドの──　126
　　イスラームの──　127
シュメール人　7
シュメール文明　5
ジュンディ・シャプール
　　　119
象形文字　16
序数　6
シリア・ヘレニズム　119
神官文字　17
神聖文字　16, 17

数字
　　アラビア──　156
　　エジプトの──　16
　　ギリシァの──　48

　　バビロニアの──　10
　　ローマ──　155
過越祭　174
ストイケイア　62
スパルタ　26

正弦表　145, 179
製紙工場　142
正多面体　72
ゼロ　126, 128
ぜんまい時計　175

双曲線　91
素数　71

■ タ 行

太陰暦　172
大航海時代　184
第5公準　64
代数　133
代数学の誕生　131
太陽暦　172
楕円　91
単位分数　20, 23

知恵の館　125
地動説　176
中世の暦　173

通約可能　36, 70
通約不可能な量　72
ツェノンの逆理　30
月形の面積　46

ティグリス川　4
デロスの問題　46
天球　103
天体モデル　104
天動説　176
天文学　144

　　インドの──　144
天文航法　186
時計　175
とりつくしの方法　84
トレド　150
トレミーの定理　114

■ ナ 行

ナイル川　14, 19

西ローマ帝国　119

粘土板　5

■ ハ 行

倍数　71
バグダード　124
パピルス　4, 141
バビロニア人　8
バビロニアの数学　9
バビロニアの数字　10
バビロニアの天文学　11
バビロン　8
ハンムラビ法典　8

比　36, 70
東ローマ帝国　119
ビザンティン　119
ピタゴラス教団　33
ピタゴラスの定理　35, 162
ピラミッド　15, 28

フィレンツェ　154
フェニキア　15
復活祭　174
不定方程式　98, 100

平行線　64
平面三角法　110, 112

ベドウィン　120
ペルガモン　141
ヘレニズム　75
ペロポネソス戦争　26, 45
ヘロンの公式　76

望遠鏡　187
方程式の根　167
放物線　91
　——の面積　84
ポエニ戦争　83

■　マ　行

『マスラード宝典』　146
魔法陣　128

ミケーネ文明　25

ミレトス　27
ミレトス学派　28

ムカーバラ　131
無限畏怖　51, 54
ムセイオン　75
無理量　36, 37, 72

メソポタミア　5, 7
メソポタミア文明　4
メッカ　121

木版技術　157

■　ヤ　行

約数　71

友愛数　34
ユークリッドの互除法　71
ユダヤ人　150
ユーフラテス川　4
ユリウス暦　173

羊皮紙　141
4次方程式　168

■　ラ　行

離心円　105
立方倍積問題　45, 47
リンド・パピルス　21

60進法　9
ローマ数字　155
ローマの暦　173

人名索引

ア行

アデラード 150
アナクサゴラス 45, 103
アナクシマンドロス 28
アナクシメネス 29
アブ=カミール 136
アポロニウス 90, 105
アーメス 21
アリスタルコス 108
アリストテレス 66
アル=カラージ 137
アルキメデス 82
アルキュタス 51
アル=サマワル 138
アル=トゥースィー 146
アル=ビールーニー 146
アル=ファーザーリー 143
アル=フワーリズミー 127, 130
アル=マンスール 143
アールヤバタ 144
アレクサンダー大王 74
アンティポン 51

ヴァスコ・ダ・ガマ 185
ヴィエト 101, 180

エウドクソス 104
エラトステネス 108

オマール・カイヤム 139

カ行

ガリレイ 187
カルダーノ 167

クセノパネス 29
グンディサルヴォ, ドミンゴ 150

コペルニクス 175
コロンブス 186

サ行

ジェラルド 150

ソクラテス 59

タ行

タルタリア 166
タレス 27, 28, 103

チンギス=ハーン 149

ツェノン 30

テアイテトス 59
ディオファントス 97
デモクリトス 29

トレミー 107, 114

ハ行

パッポス 78
パルメニデス 29

ハールーン・アッ=ラシード 124, 144

ピタゴラス 32, 35, 162
ヒッパルコス 111
ヒッピアス 53
ヒッポクラテス 46
ヒュパテイア 97

ファン 150
フィボナッチ 158
フェラリ 168
フェルマ 101
プトレマイオス 107
ブラーエ, ティコ 187
プラトン 41, 58

ヘラクレイトス 29
ヘロン 76

マ行

ムハンマド 121

メナイクモス 52

ヤ行

ユークリッド 57, 71

ラ行

ライムンドゥス一世 150
レオナルド 158, 164
レギオモンタヌス 101, 177

著者略歴

志賀 浩二（しがこうじ）

1930年　新潟市に生まれる
1955年　東京大学大学院数物系数学科修士課程修了
現　在　東京工業大学名誉教授，理学博士
著　書　『数学30講シリーズ』（全10巻），朝倉書店
　　　　『集合・位相・測度』，朝倉書店
　　　　『中高一貫数学コース』（全10巻），岩波書店
　　　　『数の大航海』，日本評論社
　　　　など多数

数学の流れ30講（上）
―16世紀まで―

定価はカバーに表示

2007年 2月20日　初版第1刷
2018年 9月25日　　　第6刷

著　者　志　賀　浩　二
発行者　朝　倉　誠　造
発行所　株式会社　朝　倉　書　店

東京都新宿区新小川町6-29
郵便番号　162-8707
電　話　03(3260)0141
FAX　03(3260)0180
http://www.asakura.co.jp

〈検印省略〉

© 2007〈無断複写・転載を禁ず〉

中央印刷・渡辺製本

ISBN 978-4-254-11746-2　C 3341　　Printed in Japan

JCOPY ＜(社)出版者著作権管理機構 委託出版物＞

本書の無断複写は著作権法上での例外を除き禁じられています．複写される場合は，そのつど事前に，(社)出版者著作権管理機構（電話 03-3513-6969, FAX 03-3513-6979, e-mail: info@jcopy.or.jp）の許諾を得てください．

好評の事典・辞典・ハンドブック

数学オリンピック事典 　　野口　廣 監修
　　A5判 864頁

コンピュータ代数ハンドブック 　　山本　慎ほか 訳
　　A5判 1040頁

和算の事典 　　山司勝則ほか 編
　　A5判 544頁

朝倉 数学ハンドブック［基礎編］ 　　飯高　茂ほか 編
　　A5判 816頁

数学定数事典 　　一松　信 監訳
　　A5判 608頁

素数全書 　　和田秀男 監訳
　　A5判 640頁

数論＜未解決問題＞の事典 　　金光　滋 訳
　　A5判 448頁

数理統計学ハンドブック 　　豊田秀樹 監訳
　　A5判 784頁

統計データ科学事典 　　杉山高一ほか 編
　　B5判 788頁

統計分布ハンドブック（増補版） 　　蓑谷千凰彦 著
　　A5判 864頁

複雑系の事典 　　複雑系の事典編集委員会 編
　　A5判 448頁

医学統計学ハンドブック 　　宮原英夫ほか 編
　　A5判 720頁

応用数理計画ハンドブック 　　久保幹雄ほか 編
　　A5判 1376頁

医学統計学の事典 　　丹後俊郎ほか 編
　　A5判 472頁

現代物理数学ハンドブック 　　新井朝雄 著
　　A5判 736頁

図説ウェーブレット変換ハンドブック 　　新　誠一ほか 監訳
　　A5判 408頁

生産管理の事典 　　圓川隆夫ほか 編
　　B5判 752頁

サプライ・チェイン最適化ハンドブック 　　久保幹雄 著
　　B5判 520頁

計量経済学ハンドブック 　　蓑谷千凰彦ほか 編
　　A5判 1048頁

金融工学事典 　　木島正明ほか 編
　　A5判 1028頁

応用計量経済学ハンドブック 　　蓑谷千凰彦ほか 編
　　A5判 672頁

価格・概要等は小社ホームページをご覧ください．